营养师的餐桌：
超下饭的
营养家常菜

王义娟 ◎著

黑龙江科学技术出版社
HEILONGJIANG SCIENCE AND TECHNOLOGY PRESS

图书在版编目（CIP）数据

营养师的餐桌：超下饭的营养家常菜 / 王义娟著
. -- 哈尔滨：黑龙江科学技术出版社，2018.1
ISBN 978-7-5388-9347-2

Ⅰ. ①营… Ⅱ. ①王… Ⅲ. ①家常菜肴－菜谱 Ⅳ.
①TS972.12

中国版本图书馆CIP数据核字(2017)第252776号

营养师的餐桌：超下饭的营养家常菜
YINGYANGSHI DE CANZHUO: CHAO XIAFAN DE YINGYANG JIACHANGCAI

作　　者	王义娟
责任编辑	马远洋
摄影摄像	深圳市金版文化发展股份有限公司
策划编辑	深圳市金版文化发展股份有限公司
封面设计	深圳市金版文化发展股份有限公司
出　　版	黑龙江科学技术出版社
	地址：哈尔滨市南岗区公安街70-2号　邮编：150007
	电话：（0451）53642106　传真：（0451）53642143
	网址：www.lkcbs.cn　www.lkpub.cn
发　　行	全国新华书店
印　　刷	深圳市雅佳图印刷有限公司
开　　本	889 mm×1194 mm　1/32
印　　张	6
字　　数	120千字
版　　次	2018年1月第1版
印　　次	2018年1月第1次印刷
书　　号	ISBN 978-7-5388-9347-2
定　　价	39.80元

自序

我不止一次地庆幸，庆幸我当年的决定！

2012年，是我人生的转折点，在过去的十几年中，我一直从事建材生意，事业也算小有起色，却发现六岁的女儿不仅性格很内向，而且非常挑食，不管是从身体还是心理上来讲，女儿当年都是不健康的。于是，我下定决心做一名全职家庭主妇。

从做全职家庭主妇这一天开始，我搬了家，格式化了电脑，拆掉了电视，开始了崭新的生活……从六岁就开始做饭的我对于美食还是有一定天赋的，所以为了让女儿爱上吃饭，我投其所好在网上学着做了很多创意便当，也经常让女儿动手一起做。

我在网上学做一段时间美食后，发现这种分享使我非常受益，就觉得需要把这种益处传递下去，也希望能帮助到更多的妈妈们，于是我开了博客。为了让家人吃得更健康，也为了我分享的内容更靠谱，我就去学了营养学，还带着女儿一起去学，我自己在营养学理论上孜孜不倦、如饥似渴地学习着，女儿也成了地地道道的小小营养师。

平常除了给女儿做各种漂亮的美食餐外，我还通过所学营养知识给女儿进行健脾养胃的食疗。两年后，我问女儿想吃什么，女儿答："有吃的就行。"我继续追问，最想吃什么，女儿答："有盐就行。"突然觉得，我家女儿也太好养了！

女儿内向的性格也在一年后完全有了改变，在我做全职主妇的第一年里，我每个周末都带孩子去户外玩，让孩子发现生活中的各种美，同时也让她与许多人进行交流。我后来翻照片，发现一共带女儿穿越了五十几个公园，女儿也逐渐成为驴友中的最小的领队，记得最长的一次徒步穿越走了 22 公里，女儿一直跑在我前面，在大自然的怀抱里尽情地享受，没有半点累意和抱怨。如今的女儿爱说爱笑，很自信，每天都开开心心的，没有当年微微自闭的一点痕迹。

当我考过二级营养师后，才发现自己刚刚踏进营养的大门，于是我后来又考了一级营养师、健康管理师，还参加了科普写作班、营养配餐班、营养讲师的培训。学无止境，在学习营养学的道路上，我会继续前行。

通过这几年的学习与分享，我取得了不小的成绩，大大小小的奖也拿了很多，还担任过多家电视台的美食嘉宾，但自己还处于初级阶段，需要学习的还有很多，所以我前进着、奔跑着、快乐着，初心不改。

作为一名"推动食育计划"的志愿者，我曾经到一些社区、学校做过健康公益讲座，发现大多数人不知道怎么吃，人们在饮食上有很严重的误区。我坚信通过接地气的菜肴与营养知识结合会让更多人真正走出误区，于是我更加坚定自己的信念，决定将营养美食分享进行到底……

每天清晨一睁眼，我总是急匆匆地冲进厨房，开始一天的快乐美食之旅，除去每天 8 小时的睡眠时间，我在其余的时间里从没离开过营养和美食，从设计菜谱、买菜、制作、拍摄、后期处理、上传，我的脑子里装的全是营养和美食，有朋友笑称，和我聊天就不要聊别的，只聊吃！

每天除了分享美食，我还坚持运动，一边跑步一边听营养讲座是我最享受的美好时光，我认为，坚持是一种品质，我不仅自己在进步，也要给女儿做表率。

美食改变了我的生活，也改变了我的人生：从前的我，拖着臃肿而倦怠的身体一边工作一边打游戏，经常头痛不舒服，然后对身边的人也总是发脾气；现在的我，不仅健康减肥成功，而且身体非常好，现在每天都比以前忙很多，但我却是异常开心、乐此不疲。

在这条路上，我要感谢的人太多，家人的支持，老师、同学、朋友的帮助，美食盟友的鼓励，广大粉丝朋友的支持以及各平台的扶持，感恩这一切的一切，我会不断努力，坚定不移地走下去！

据统计，中国有超过2.5亿高血压患者、1.2亿肥胖者、1.1亿糖尿病患者，并且发病人群正在逐渐年轻化，这些慢性疾病都与饮食密切相关。合理饮食、健康饮食不是该吃什么不该吃什么那么简单的问题，而是要营养全面均衡、合理膳食。现代饮食中很多都存在能量超标却部分营养素严重缺乏的情况，这跟中国近代饮食结构发生的巨大变化有关。本书中将营养知识和美食结合起来，做了一些分析阐述，所有食谱都是经过精心设计的，都是些接地气的家庭菜肴，我力求将美食做到简单化，让厨房小白也能轻松上手，希望这本书能让广大读者朋友们有所收获，并且领会到健康饮食的精髓。

健康需要均衡的营养、合理的运动、充足的睡眠、良好的心态，当然，还有我们改变不了的自然因素和社会环境因素，我们所能左右的因素占60%，那我们就好好地把这60%把控好，做一个健康、豁达、阳光的人，同时把这种正能量进行传递！

祝愿所有朋友健康、快乐！

推荐序一

两年前，叶子通过朋友介绍，来到赛福凯瑞医学研究院参加北京营养讲师训练营的培训课程。北京营养讲师训练营是营养讲师的魔鬼训练营，接近一年的理论和实践课程，非常考验大家的毅力和决心。从第一次见到叶子，我就隐隐感觉到了她热爱营养的决心，而且她也确实用行动证明了自己。每周的讲师课程她总能准时，并认真完成作业，甚至经常带着女儿一起来学习。除此之外，叶子又先后考了国家一级公共营养师、高级健康管理师等，同时也成为"食育推动计划"公益项目的一名志愿者。

生活中的叶子一直给人积极、温暖的感觉，每次见面总能感受到她的阳光正能量。叶子无比热爱美食，上课的时候经常给大家带各种美食，也经常到我们的乐烹厨苑学习交流，并跟大家分享她做美食的经验和方法。而且她还积极参与了我们发起的"坚持锻炼一百天"的活动，每天坚持锻炼，保持着非常良好的生活节奏。

几年来的扎实积累，叶子在营养学的路上一直如饥似渴地学习着，逐渐成长为一名真正具有"写、讲、配、做"四项技能的优秀营养师。听闻叶子出书，也是我意料之中的事情。她能将所学的营养知识融入到美食中，将健康饮食观念传递给更多人，真正落实到生活中，是叶子的心愿，也是我们所有营养师一生的使命和追求。

传播正确的健康理念任重而道远，祝福有着坚韧毅力和满满爱心的叶子，在营养美食道路上走得更远……

赛福凯瑞医学研究院院长 王旭峰

推荐序二

欣闻爱徒要出书了，心中甚是欢喜。

光阴似箭，日月如梭。想起与叶子相处的这些年里，作为一名全职的家庭主妇，在营养、美食方面叶子已经从初出茅庐的小生转变为游刃有余的高手。叶子热爱生活，传递正能量，活泼开朗的性格、精益求精的态度，无时无刻不在感染着我们。

叶子的美食就如那梅花，只与粒粒傲雪相伴于寒冬，不会与其他的花争奇斗艳。甘于寂寞又不失傲骨，平实无闻又显出高贵。叶子的美食就如叶子本人一般，在黑夜中闪烁而夺目，不经意中已受到众人瞩目。

俗话说，药补不如食补。现如今，营养越来越被人们重视，人们在吃上也越来越讲究。随着生活水平的提高，大家更加注重饮食的营养搭配。本书的五个部分，在多个方面向读者充分展示了美食与营养的碰撞，点点火花创造出了一个又一个独特的美味佳肴：荤有肉料理，回味有海鲜，汤羹滋味美，素食备受赞，酱料私房制，营养美味全。这些菜品，在保持美味的同时让人们吃得更加营养，可以说是达到了鱼和熊掌兼得的效果，实属良作。

叶子可以说是营养师中最会做饭的，是美食达人中最懂营养的，她将营养与美食完美结合，做出了让人一看就会的接地气菜肴。详细读叶子这本美食书，一定会让您收获不小。

健康饮食，从这里做起，把健康带回家！

国宴传承人：王志强

目录

CONTENTS

Part
1

渔行生鲜
回味悠长的家常鲜味

目 录

CONTENTS

Part
2

无肉不欢
超人气肉料理轻松上桌

Part
3

汤水滋味
美味汤羹日日饮

目录

CONTENTS

Part
4

素养有方
备受赞誉的营养素食

Part
5

自己做酱
私房酱料大揭秘

渔行生鲜

回味悠长的家常鲜味

将各种类型的海鲜以不同的手法制作成别致的家常料理，让每一道料理都变得鲜美可口，滋滋入味。

CHAPTER 01

孔雀开屏鱼

　　最惊艳的鱼，原来这么简单！一直以为孔雀开屏鱼特别难，没想到试过后才知道这道菜比一般的做鱼方法都简单，整个造型就是刀法的问题，只要掌握切的技巧，其实这道菜做起来真的很简单。

营养小学堂

　　武昌鱼堪称上等鱼类，不仅肉质鲜嫩，而且营养丰富，实验检测每 100 克可食部分的武昌鱼含蛋白质 20.8 克、脂肪 15.8 克、钙 155 毫克、磷 195 毫克、铁 2.2 毫克，武昌鱼所含的蛋白质为有利于人体吸收的优质蛋白，脂肪以不饱和脂肪酸为主，同时富含钙、磷、铁等矿物质，人体对动物肉类中的钙吸收比较高，所以武昌鱼可以作为补钙的食材，是老少皆宜的优质肉类，尤其很适合老人、孩子以及那些想控制体重的人群。

　　孔雀开屏鱼作为一道宴客菜非常赏心悦目，做法很简单，就是一个巧妙的切法，烹调方式采用蒸的形式，最大化保留了食物的营养和原汁原味，是一道非常推崇的健康美味又高颜值的菜肴。

营养师的餐桌—超下饭的营养家常菜

材料

武昌鱼 1500 克，
泡椒 2 个，胡萝
卜、大葱各 1 段，
生姜 1 块，葱花、
蒸鱼豉油、生抽、
香油、盐各适量，
香醋少许

做法

● 将鱼内脏清理干净，去除黑膜，切下鱼头，去除鱼尾。

● 拍打鱼身，抽出鱼筋，降低鱼的腥味。

● 将鱼身切成片状，每片的厚度是 7 ～ 8 毫米，注意下刀时，切到挨着鱼肚剖开口子约 5 毫米处不切断。

● 胡萝卜切成菱形片，泡椒切成小圈，大葱和姜切成丝，另外留一些大葱和姜切成片。

● 把切好的鱼身和鱼头加入盐、生抽，挤入大葱和姜片的汁水，用手抓均匀，腌制十几分钟。

● 腌好后，放入盘中摆好造型。开启蒸汽炉，待其上汽后，放入鱼肉蒸六七分钟。

● 将蒸出来的汤汁倒入锅中，加上适量生抽、蒸鱼豉油、香醋和香油，调成汁。

● 在鱼肉上摆上泡椒圈、葱花、葱姜丝，最后淋上调好的调味汁即可。

料理小贴士

这里用了泡椒来做摆盘装饰，吃的时候也可以夹带着鱼肉一起吃，别有一番风味。

CHAPTER 02

麻辣带鱼

　　带鱼高蛋白低脂肪，于人体而言非常有营养，我家女儿就特别喜欢吃带鱼。平常都吃不辣的，今天征得女儿的同意，便做了一道麻辣带鱼。香气诱人又带着微辣的口感，女儿吃了赞不绝口。

营养小学堂

　　带鱼是一种常见的海鱼，每100克带鱼肉中，约含蛋白质19克，脂肪7.4克。带鱼所含的蛋白质属于优质蛋白，易于被人体吸收利用。带鱼所含的脂肪基本为不饱和脂肪酸，其中含有较高的人体必需脂肪酸 α－亚麻酸。α－亚麻酸作为omega－3系列脂肪酸的前体，可转变为DHA和EPA，DHA是维持视网膜感受体功能的必需脂肪酸，DHA还有助于大脑的发育，提高记忆力等，EPA被称为血管的清道夫，对降低血脂有一定的帮助。加上带鱼富含卵磷脂，卵磷脂有益于大脑，可延缓衰老，还对血清脂质有调节作用。

　　这道麻辣带鱼做起来很简单，带鱼采用了煎的方式，激发香味的同时最大限度保证了烹调的健康，采用简单的葱姜汁腌制后，加上麻辣和孜然的口味调料，做出来的带鱼香气四溢，没有一点腥味。

材 料

带鱼 300 克，生姜
1 块，大葱 1 段，
大蒜 3 瓣，辣椒粉、
孜然粉、盐、淀
粉、油、花椒粉、
料酒各适量

做 法

● 将葱姜蒜切成片，备用。

● 带鱼两面用刀划上口子，便于入味。

● 接着将带鱼抹上适量的盐，倒入少许料酒，放入葱姜蒜，
腌制半小时。

● 去掉葱、姜、蒜，在带鱼上均匀地拍上淀粉。

● 将锅烧热，倒入适量的油烧到五成热时，放入带鱼煎到两
面金黄。

● 撒上适量的辣椒粉、孜然粉、花椒粉。

● 出锅，装盘即可食用。

料理小贴士

腌制带鱼的时候，最好把葱姜蒜挤出汁液来腌制，腌制两三小时，这样入味更好。

酸菜鱼

在阴雨天中，品尝一道暖暖的酸菜鱼，暖和自己的心和胃，仿佛沐浴在阳光中，心情也跟着明朗起来。

材料

草鱼 1000 克，袋装酸菜 1 袋，野山椒 10 个，鸡蛋 1 个，干辣椒 15 个，鲜花椒 10 克，生姜 1 块，大蒜 6 瓣，大葱 1 段，白醋、盐、油、红薯淀粉、葱花各适量，料酒、黑胡椒粉各少许

做法

● 将酸菜切成小段，用清水洗净，拧干；鱼清理干净，剁下鱼头鱼尾，将筋抽掉；生姜切成片，大蒜拍开，大葱切成段。

● 干辣椒切成段，抖去辣椒籽后将它泡一下水，用厨房纸巾吸去多余水分。

● 从鱼的脊背下刀，切下两片鱼肉；再从鱼尾下刀，顺着鱼肉纹路斜切鱼片，接着在肉比较薄的地方切成夹刀片。

● 鱼头从中间斩一刀，不完全斩断，再把鱼骨斩块，然后将鱼头、鱼骨用清水洗一遍，沥干水分。

● 鱼片里加入适量的盐和白醋，抓匀，再用清水洗一洗，沥干水分；接着在鱼片里加入盐、黑胡椒粉、少许料酒抓匀，然后加入红薯淀粉、鸡蛋清、少许油，充分抓抹均匀。

● 锅里加入适量的油烧到 5 成热，加入葱姜蒜和切成段的野山椒翻炒，接着加入酸菜翻炒，加入少许白醋，多炒一会。

● 然后加入适量开水和鱼头鱼骨，用大火熬煮，放入适量盐，煮 5 分钟左右，捞出鱼头鱼骨和酸菜，装入容器。

● 将鱼片一片一片放入，轻轻晃动锅。再把剩下的蛋黄取一半，加入约蛋黄 4 倍的凉水拌匀，然后倒入锅里，接着将汤汁倒入装鱼骨的容器里。

● 锅里加入适量的油烧到 7 成热，放入鲜花椒和泡过水的干辣椒爆香，把热油淋在鱼片上，撒上葱花点缀即可上桌。

料理小贴士

蛋黄水一定要少加，多了汤会变浑浊，这个根据自己喜好来定，不加不影响口感。

CHAPTER 04

避风塘带鱼

每次吃带鱼的时候，女儿都为带鱼的小刺而烦恼，今天分享的这个带鱼，就免去了这个烦恼，因为小的鱼刺已经炖软吃不出来了，只吐大的鱼刺就行了，并且没有一点腥味，又带着浓厚的蒜香，非常好吃。

材 料

带鱼 300 克，青椒、红椒各 1 块，大蒜 2 头，豆瓣酱、豆豉、淀粉、花椒水、油、盐、料酒各适量

做 法

- 带鱼切块，加入适量盐、料酒、花椒水，腌制十分钟。
- 将豆瓣酱和豆豉剁细，大蒜切成末，青椒、红椒切成小丁。
- 带鱼用厨房纸巾吸去多余水分，均匀地拍上淀粉。
- 锅里油温烧到 6 成热的时候，放入带鱼炸至两面金黄。
- 将蒜末倒入锅中，小火炸到颜色变黄，出锅滤去油。
- 锅里倒入少许油，煸炒豆瓣酱和豆豉。
- 加入青椒、红椒炒变色。
- 最后加入带鱼和蒜末翻炒均匀即可。

料理小贴士

- 带鱼一定要吸去多余水分，不然炸的时候会溅油。
- 炸带鱼的火稍微大一点，期间需要不停翻动，炸蒜末时要小火炸到蒜末浮在油面上即可。

CHAPTER 05

蜜汁黄花鱼

因为女儿比较喜欢酸甜味道的食物，所以今天给女儿做了蜜汁的黄花鱼。这道菜的处理方法并不复杂，先经过慢慢煎制，然后用酱汁做成酸甜口味，不仅女儿大大夸赞味道好，连我这不喜欢甜味食物的人也很喜欢。

营养小学堂

黄花鱼富含优质蛋白质、不饱和脂肪酸、维生素 B_1、维生素 B_2 等营养成分，其中的不饱和脂肪酸有很大一部分为 omega-3 系列脂肪酸，很适合孩子和老人食用。黄花鱼有着很好的补益作用，对于体质虚弱的人来说，有着很好的食疗效果。同时对于成长中的孩子也非常适用，有助于孩子们的大脑发育、视力保护、提高免疫力等。《本草纲目》中也记载，黄花鱼味甘、性平，有明目、安神、益气、健脾开胃等功效。

这道蜜汁黄花鱼不加糖也不用加醋，但做出来的酸甜口感格外开胃，加入的米酒汁是天然的调味品，能去腥提鲜，最后加入洋葱、香菜，不仅进一步去腥提鲜，而且营养更全面。

材料

黄花鱼 500 克，洋葱半个，香菜 1 小把，大葱 1 段，番茄酱 20 克，蚝油 10 克，米酒汁 200 毫升，熟芝麻、淀粉、盐、油各适量

做法

- 将黄花鱼的鱼鳃去除，取鱼鳃的时候先将鱼鳃与头部连接的地方掰开，然后顺着抽出鱼鳃。
- 将筷子伸进鱼肚里，转圈搅动，清理干净内脏。
- 刮去鱼鳞，同时鱼头里的黑色部分也要清理干净。用剪刀剪去背鳍，鱼身上均匀地拍上淀粉。
- 香菜清洗干净，洋葱切成丝，大葱切成段后再切成两半。
- 热锅里加入适量的油和盐。油温烧到微微冒烟后，开小火将油温降低，降到油温 4 成热左右，放入黄花鱼，火调到中小火，不要立即翻动，轻轻晃动锅使其受热均匀。
- 将鱼两面煎黄，煎 7～8 分钟。煎好后，把鱼放在吸油纸上备用；然后在锅里放入少许油，加入番茄酱和蚝油翻炒，一边炒一边加入米酒汁。
- 放入煎好的黄花鱼、香菜、洋葱和大葱，小火慢煨至汤汁浓稠后出锅装盘，最后撒上熟芝麻即可。

料理小贴士

米酒汁味道甜，如果不喜欢甜的话可以一半米酒汁一半开水。

CHAPTER 06

芹菜炒虾仁

今天分享的这道菜用了芹菜、柿子椒、虾仁；高蛋白低脂肪的虾仁配上了富含多种维生素的时蔬，同时还配上了富含钾的芹菜。老少皆宜，不仅适用于普通人群，同时也推荐正在长身体的孩子吃。

营养小学堂

虾富含易于人体吸收的优质蛋白，同时脂肪含量较低，所含的脂肪又以不饱和脂肪酸为主，同时含有丰富的牛磺酸。牛磺酸能促进脑组织和智力发育，提高视觉机能，还对预防心血管疾病有一定帮助。虾还富含丰富的钙、磷、锌等矿物质及维生素，是现代饮食结构中理想的动物肉类。

芹菜富含多种维生素、矿物质、膳食纤维，同时芹菜中富含丁基苯酚类物质，具有镇静安神的作用，还对于降血压有一定效果。

这道芹菜炒虾仁，用高蛋白低脂肪的虾仁搭配富含膳食纤维的芹菜和富含维生素 C 的红柿子椒，不仅味道清淡可口，而且颜色搭配很漂亮，同时营养也很丰富，不仅适合普通大众食用，同时是三高人群的一道理想菜肴。

材料

虾 300 克，芹菜
200 克，红柿子椒
1 个，生姜 1 块，
葱、盐、生抽、
豆瓣酱各适量，
黑胡椒粉、料酒
油各少许

做法

● 红柿子椒切成菱形块，芹菜斜着切成小片。
● 生姜切成片，葱切成段。
● 虾去掉虾壳，从背上开一刀，取出虾线。
● 豆瓣酱剁细。
● 虾仁里加入适量料酒、生抽、少许黑胡椒粉，腌制一会。
● 锅里加入适量油，烧到 6 成热后，放入虾仁炒熟，出锅待用。
● 锅里留底油，放入豆瓣酱炒香，然后加入红柿子椒和芹菜
  翻炒至熟。
● 加入炒熟的虾仁，放入适量盐，翻均匀即可。

料理小贴士

虾也可以切成小段，之所以用一整个虾并且在背上开一刀，是因为虾卷曲比较好看，
这样便于吸引孩子。因此做这道菜的时候，可以根据自己的喜好来做。

劲爆香辣虾

一直迷恋香辣虾的味道，但是为了更加营养健康，一般都是做白灼虾之类。今天借着女儿过生日的借口做这个虾，其实是我更爱吃。这道菜是地道的川菜，我的做法谈不上正宗，但味道的确很不错。

材 料

虾 300 克，美人椒 3 个，青椒 1 个，干辣椒 8 个，生姜 1 块，大蒜 4 瓣，葱、油、盐、淀粉、花椒、料酒、豆瓣酱、剁椒酱、熟白芝麻各适量，黑胡椒粉、老干妈辣椒酱各少许

做 法

● 虾清洗干净，剪去虾须和虾脚，挑去虾线，在虾里加入适量的料酒、黑胡椒粉、盐，腌制片刻。

● 美人椒切成小圈，青椒切成细小的块，生姜和大蒜切成片，葱切成段。

● 将豆瓣酱、老干妈辣椒酱、剁椒酱混合剁细成香辣酱。

● 腌制好的虾倒去料酒，加入适量淀粉拍打均匀。

● 将锅里的油温烧到 6 成热的时候，放入虾炸熟，捞出。

● 待油温升到 7 成热时，倒入虾炸到酥脆捞出。

● 锅里留底油，炒香剁好的香辣酱。

● 加入准备好的其他材料翻炒均匀。

● 加入炸好的虾翻炒均匀，最后撒上熟白芝麻，出锅，装盘即可。

料理小贴士

● 虾炸两次是为了更加酥脆。

● 可以将步骤中的青椒换成杭椒，这样会更好看一些。

香辣干锅虾

香辣干锅菜特别下饭，我家很少吃油炸食物，这个菜是应朋友们的要求专门做的，不得不承认，油炸的就是香，有这么一锅菜，真的不知不觉就吃下很多饭，总之这道菜就一个字，香！

材 料

虾 300 克，洋葱半个，杭椒 10 个，美人椒 5 个，生姜 1 块，大蒜 3 瓣，葱白 3 棵，干辣椒 10 个，熟白芝麻、香辣酱、豆豉酱、花椒、料酒、淀粉、盐、油各适量，黑胡椒粉少许

做 法

● 虾剪去虾须，清理干净沙包，背上开一刀，去掉虾线。

● 虾里加入少许盐、黑胡椒粉、料酒抓匀腌制一会。

● 洋葱切丝，杭椒、美人椒切成小段，生姜、大蒜切成片，葱白切成小段。

● 虾去掉腌制的水分，均匀地拍上淀粉。

● 锅里油温烧到 5 成热的时候，放入虾炸至定型，然后捞出，油温上升到 7 成热，再炸至酥脆捞出。

● 锅里留底油，放入葱姜蒜爆香，然后加入豆豉酱和香辣酱炒香，再放入杭椒、美人椒、干辣椒、花椒，炒香，如果喜欢吃麻的建议用麻椒。

● 加入炸好的虾，放入少许盐，翻炒均匀，撒上熟白芝麻。

● 出锅前在干锅下面铺好洋葱丝，倒入做好的虾，就可以一边小火烧着一边吃了，洋葱的香味也会随之散发出来。

料理小贴士

如果家里不够一边煮一边吃的条件，要把洋葱放下面，做好的虾铺在上面后在火上再稍微烧一烧，洋葱很快便会散发出香味，这样就可以出锅吃了。加点洋葱的干锅虾不仅美味而且更加营养。

避风塘北极虾

叶子做菜一直都不喜欢油炸，但这北极虾这样做就是好吃得不得了，经过油炸后就是香！这道菜的做法也简单，就是油炸的时候要掌握好火候，分两次炸，炸到颜色金黄却不焦就可以了。

材　料

北极虾200克，大蒜1头，干辣椒5个，面包糠、淀粉、盐、油各适量

做　法

● 将北极虾清理干净，用剪刀剪去虾脚和虾须。

● 大蒜切成末、干辣椒切成小段。

● 虾用厨房纸巾吸去多余水分，然后均匀拍上淀粉。

● 锅里加入适量的油烧到4成热，加入虾炸到金黄出锅。

● 然后将油温烧到7成热，再次放入虾复炸一下，炸到其表皮酥脆，捞出。

● 锅里留适量的底油，放入蒜末，以小火炸香，然后加入干辣椒炒香。

● 加入面包糠翻炒一下，然后加入炸好的虾及适量的盐，翻炒均匀即可。

料理小贴士

● 虾的水分一定要尽量控干，表面要均匀裹上淀粉，不然油炸的时候会溅油。

● 加入干辣椒是为了增加一点香味和调色，不喜欢的人可以不加。

椒盐炸虾

好食材要有个好做法，以前也做过椒盐虾，可不管是颜色还是味道总不是很完美，今天特地请教了某大酒店的行政总厨，虽然比他做的差得远，但对于我来说已经觉得很好吃很好吃了。

材 料

虾 300 克，青椒、红椒各 1 小块，油、盐、椒盐、料酒、淀粉各适量，生姜 1 块，大蒜 2 瓣，大葱 1 小段

做 法

● 将虾剪去虾须、虾脚，挑去虾线。
● 从虾肚上开一刀，一直开到沙包的位置。
● 仔细冲洗，将沙包冲洗干净。
● 加入适量盐、料酒，挤入姜汁，腌制 10 多分钟。
● 葱姜蒜切成末，青椒、红椒切成小颗粒。
● 腌制的虾用厨房纸稍微吸一下水分，然后均匀地拍上淀粉。
● 锅里加入油烧到 5 成热，将虾炸到金黄，快速捞出控油，将油温烧到 6 成热，再放入虾炸到虾壳酥脆。
● 锅里留少许底油，炒香葱姜蒜末和青椒末、红椒末。
● 加入炸好的虾，撒上椒盐翻炒均匀即可。

料理小贴士

● 虾一定要多冲洗一会，冲得干干净净，炸的虾颜色才会好看。
● 步骤中加了点青椒、红椒，是为了增加一点颜色和营养，大家做的时候可根据喜好来做。
● 步骤 7 中，大厨指点的是 4 成热的油炸 5 秒，然后 5 成热的油炸 10 秒，因为家里做油炸食物少，灵活掌握，反正炸到虾壳和虾肉有点裂开就差不多了。

CHAPTER **11**

葱烧海参

　　葱烧海参是鲁菜中的经典名菜，暗褐色的海参看似其貌不扬，入口时，香滑的口感配上醇香的葱味，让人无比惊艳，回味无穷。

营养小学堂

　　海参又叫刺参，是世界八大珍品之一，海参含有很高的蛋白质，但不足的是这种蛋白质不属于优质蛋白，需要和其他优质蛋白来结合才能实现蛋白质互补，提高其利用价值。

　　海参对于我们健康起最大作用的是其含有的酸性黏多糖、海参皂苷等活性成分，据有关研究表明，酸性黏多糖对人体生长、抗炎、预防组织老化、伤口愈合、动脉硬化有一定的食疗作用。海参中所含的皂苷具有促进脂肪分解、抑制脂肪生成、促进造血干细胞增殖的作用。

　　同时，海参的胆固醇含量极低，所以它也是老人的理想食物。当然，不管是什么食物，吃的时候都要限量，在保证食物均衡的情况下适量吃一些海参有助于身体健康。

材料

即食刺参2只，大葱3根，生姜2大块，大蒜3头，香菜1小把，鲍鱼酱30毫升，蚝油15毫升，冰糖10克，酱油30毫升，老抽7毫升，红曲粉2克，水淀粉适量，油适量，高汤适量

做法

● 将海参用冷水泡发，生姜切成薄片，大蒜拍开。

● 取2根大葱切成小段，另外1根切成长段。

● 锅里加入适量的油，油微热之后，加入生姜，待油温升高，再加入大葱和大蒜，然后放入香菜，用中小火慢慢炸。炸到所有材料微微变焦时，捞出材料，制成葱油。

● 将长段的大葱放入做好的葱油里炸至微黄，捞出备用。

● 在锅里加入一大碗水、冰糖、红曲粉、酱油、鲍鱼酱以及少许老抽烧开，将冰糖煮化，然后过滤汤渣，制成调味汁。

● 锅里加入适量水、几片生姜和几段大葱烧开，再放入海参，焯水。

● 锅里再加入高汤烧开，加入海参煮几分钟，入一下底味。

● 锅里加入适量葱油、蚝油，翻炒均匀，加入调味汁烧开，放入海参和炸黄的大葱段，中小火焖煮入味。

● 待汤汁变少，加入少许水淀粉勾芡出锅即可。

料理小贴士

冰糖和蚝油不宜加多，否则甜度高了影响口感。

CHAPTER 12
烤鱿鱼卷

　　今天的烤鱿鱼加了洋葱、红柿子椒和蒜苗，将洋葱垫在下面不会让烤出来的鱿鱼太干，同时撒上蒜苗会增加一股清香，而红柿子椒富含的营养很高，在这里除了增加营养成分，还能起到增色增味的作用。

营养小学堂

　　鱿鱼是生活在海洋中的一种软体动物，也被称作枪乌贼，鲜鱿鱼中蛋白质的含量高达 16% ～ 20%，脂肪含量却极低。据检测，每100 克鲜鱿鱼中脂肪含量才 0.8 克，因此鱿鱼是真正的高蛋白极低脂肪的肉类，热量相对一般肉类要低很多，对于要控制脂肪的人群，比如三高人群、减肥人群，鱿鱼是非常理想的肉类，是可以放心享受的美味。鱿鱼还富含钙、磷、铁、硒、碘、锰等矿物质，还有较高含量的牛磺酸，虽然鱿鱼的胆固醇含量比较高，但由于它所含的牛磺酸有抑制胆固醇在血液中蓄积的作用，只要适量食用大可放心。

　　中医还认为，鱿鱼有滋阴养胃、补虚润肤的功能。这道烤鱿鱼卷采用了烤的烹调方式，用油很少，同时加入了营养丰富且适合三高人群的洋葱，使烤出来的鱿鱼不发干、味道也香。

材 料

鱿鱼卷400克,红柿子椒半个,蒜苗2棵,生姜1块,韩式辣酱、洋葱丝、蚝油、香油、生抽、孜然粉各适量,黑胡椒粉、椒盐、辣椒粉各少许

做 法

● 香油、蚝油、生抽、韩式辣酱,按照1:1:1:1的比例调好。

● 将调好的调味汁倒入鱿鱼卷里。

● 再将生姜拍碎,挤出姜汁在里面,加一点点黑胡椒粉,拌匀腌制一会。

● 烤盘里铺好油纸或锡纸,先铺上适量洋葱丝,再在上面铺上腌制好的鱿鱼卷,放入烤箱中层,以上下火220℃的温度,烤十几分钟。

● 鱿鱼卷基本烤熟的时候下入蒜苗梗段,撒上孜然粉、少许辣椒粉和椒盐,再烤3～4分钟。

● 然后加入蒜苗叶子和红柿子椒丝,接着再烤几分钟即可。

料理小贴士

● 烤的时间和温度要根据自家烤箱性能来决定。

● 洋葱烤的时候会有水分,一定不要加多了。

韩式辣酱鱿鱼卷

喜欢鱿鱼卷那漂亮的造型，也喜欢鱿鱼的低脂肪高蛋白，炒一个香辣的鱿鱼卷格外下饭，买切好的鱿鱼卷，做起来非常省事，今天用一点韩式辣酱来炒的味道很不错，如果没有韩式辣酱的可以直接用剁碎的豆瓣酱。

材料

鱿鱼卷 300 克，杭椒 200 克，美人椒 50 克，生姜 1 块，大蒜 3 瓣，韩式辣酱、油各适量，盐少许

做法

● 生姜、大蒜切成片；杭椒、美人椒用刀斜着切。

● 将锅里的水烧开，倒入鱿鱼卷，再次烧开后煮几十秒捞出，控去多余水分。

● 锅里加入适量的油烧到 6 ~ 7 成热，然后倒入鱿鱼卷快速翻炒至熟，出锅待用。

● 锅里再次加入适量的油和韩式辣酱炒香，接着加入姜蒜翻炒几下，再加入杭椒和美人椒充分翻炒。

● 最后加入鱿鱼卷、少许盐，翻炒均匀即可。

料理小贴士

杭椒的味道不是很辣，与之相比，美人椒比较辣，因此可以根据自己的喜好来添加辣椒。

■营养师的餐桌■超下饭的营养家常菜

手工 Q 弹鱼丸

因为在给孩子吃鱼的时候挑鱼刺总是个麻烦的事情，所以最近总是在给孩子做鱼丸，这一次按照自己的方法来做，摸索出了一个非常合适的比例，做出了这道十分 Q 弹的鱼丸。

材 料

草鱼 500 克（纯鱼肉），
瘦肉 100 克，鸡蛋 2 个，
淀粉 60 克，胡萝卜、大葱、
小葱各 1 段，香菇 150 克，
生姜 1 大块，花椒 1 小把，
盐 6 克，黑胡椒粉、香油、
香醋、生抽各适量

做 法

● 花椒中加入热水泡 1 小时。

● 草鱼挨着头尾各切一刀，将筋抽出来。

● 鱼肉去骨去皮，瘦肉切块。

● 将鱼肉、瘦肉、生姜、大葱、花椒水以及 2 个鸡蛋的鸡蛋清，一同放入破壁料理机桶里，打成细腻的鱼肉泥。

● 在打好的鱼肉泥中加入盐、黑胡椒粉、淀粉，然后反复摔打半小时以上，直到鱼肉泥有弹性为止。

● 然后加入适量香油再次充分摔打一会，接着在手上抹上少许香油，取适量鱼肉泥搓成圆球。

● 将锅里的水烧热，放入鱼丸。

● 等全部鱼丸浮上来的时候，捞出鱼丸放入冰水里。

● 香菇切花刀，胡萝卜用模具刻成花朵片，小葱切成末；另置一锅，注水烧开，加入适量的盐、胡萝卜和香菇煮熟。

● 加入鱼丸，煮至鱼丸浮上来。出锅，盛入碗中，最后滴入香油、香醋、生抽即可。

料理小贴士

● 花椒水是为了去腥和增香，提前泡好，不要花椒，只要用花椒泡的水。

● 摔打一定要到位，反复摔打，摔打到有弹性后才能放香油，香油不能一开始就放。

● 如果觉得还不够 Q 弹，可以提前做一点肉皮冻加入。

无肉不欢

超人气肉料理轻松上桌

本章精选多种肉类美食，只要肉食爱好者品尝过一次，就会不自觉地爱上这缠绕舌尖的好滋味！

CHAPTER 01

洋葱炒猪肝

猪肝是一种让人爱恨交加的食物，它的营养十分丰富，但味道却并不是所有人都能够接受的，因此，它的搭配很关键。洋葱和猪肝的组合，不仅提升了这道菜的味道，还增加了它的营养成分和功效。

营养小学堂

　　猪肝是营养的宝库，能预防缺铁性贫血，还能保护视力。猪肝中铁、维生素A、维生素B_2、烟酸这些重要的微量元素含量都很丰富。有很多朋友担心猪肝的安全问题，但世上没有绝对安全的食物，饮食多样化就能降低风险，还能摄入更全面的营养，同时要看剂量和搭配。猪肝每周吃一次，正常成人一次可吃50~100克，孩子酌情减少，摄入量不多，就不用太担心安全问题，而铁、维生素A、维生素B_2这种重要元素只要吃一点猪肝就能得到很好的补充，这是其他一般食物无法达到的。

　　紫洋葱与猪肝是最理想的搭配，紫洋葱的蒜素含量很高，蒜素有消毒杀菌、提高免疫力的功效，这样搭配就相当于针对猪肝的安全问题多了一道保护屏障。

材　料

猪肝 200 克，紫洋
葱 1 个，泡椒、
泡子姜 50 克，盐、
淀粉、油各适量

做　法

● 洋葱切成丝，泡椒用刀斜着切，泡子姜切成片。

● 猪肝切成片，加入适量油、盐、淀粉，充分抓匀。

● 锅里加入适量油烧到 5 成热，加入猪肝快速翻炒至熟，出锅待用。

● 锅里留底油，加入泡椒和泡子姜翻炒。

● 加入洋葱翻炒至熟，加入少许盐，翻炒均匀。

● 加入炒好的猪肝，翻炒均匀后出锅。

料理小贴士

猪肝是补铁的好食物，如果用来做菜补铁，就最好采用炒的形式，不要用腌制的形式，因为铁主要含在血液中，以炒的形式会保留比较多，但是不要过于追求嫩滑，一定要炒熟。

CHAPTER **02**

农家小炒肉

　　小时候我妈妈做的肉菜中，这个出镜率最高，同时这也是特别有妈妈味道的一道菜。农家小炒肉其实很简单，但也要讲究一定方法。这道菜上桌后，香得让人流口水，辣得过瘾又不至于辣得吃不下，好吃得让人根本停不下口！

营养小学堂

　　农家小炒肉是一道非常下饭的香喷喷菜肴，一般采用五花肉、青椒、红椒和青蒜苗做成。五花肉因为有一定肥肉，饱和脂肪酸含量比较高，所以吃的时候要限量，尤其是体控人群、三高人群以及小孩、老年群体都应该少吃。

　　这款农家小炒肉为了减少饱和脂肪酸的摄入，仅用了一部分五花肉和一部分里脊肉，这样做出来的菜更健康，减少油腻，吃起来也更爽口，香味却丝毫不减。

　　辣椒是富含维生素 C 较高的一类蔬菜，而且能增进食欲，采用了红色的美人椒来增色增味和不太辣的杭椒一起炒，这样做出来的颜色漂亮，也不至于很辛辣，如果加点青蒜苗味道会更香。

材料

五花肉 200 克，里脊肉、杭椒各 150 克，美人椒 100 克，香葱 4 棵，生姜 1 块，大蒜 5 瓣，豆瓣酱、菜籽油、豆豉、蚝油、生抽、盐各适量

做法

● 干锅烧热，将五花肉的肉皮放入锅中烫成金黄色。

● 五花肉切薄片，里脊肉切薄片，加入适量生抽、蚝油，抓匀。

● 杭椒和美人椒斜着切成片，生姜和大蒜切成薄片，香葱只留葱白部分，切成段。

● 锅烧热，不放油，加入杭椒和美人椒，慢慢翻炒至表面发蔫。

● 加入适量盐，翻炒均匀后出锅待用。

● 接着在锅里加入菜籽油烧到 3 ～ 4 成热，加入五花肉煸炒出油分，加入豆瓣酱、豆豉、姜蒜片，翻炒。

● 然后加入适量蚝油翻炒均匀，加入里脊肉翻炒至熟。

● 加入炒好的辣椒、葱白，翻炒均匀即可。

料理小贴士

● 豆瓣酱只要一点点就行，切记不要多了。

● 美人椒比较辣，可以根据个人喜好酌情增减，辣椒一定要经过干炒，才更显香味。

● 制作过程中很多调料含盐，出锅前可以尝一下咸淡，酌情添加盐。

小酥肉

　　传统的小酥肉用五花肉来做，叶子怕油腻，用的前腿肉，稍微夹杂着一点点肥肉，炸好后，叶子又加了点西红柿来煮，不仅非常香，而且没有一点油腻，做出来全家都非常喜欢，用来宴客也是非常招人喜欢。

材料

前腿肉 300 克，鸡蛋 2 个，淀粉、面粉各 50 克，西红柿半个，青蒜苗 3 棵，生抽、姜汁、盐、油、香菜各适量，黑胡椒粉、香醋、蚝油各少许

做法

● 将肉切成 6 ～ 7 毫米的片状。

● 在切好的肉里加入适量生抽、姜汁、少许盐、黑胡椒粉，抓匀。

● 鸡蛋液中加入少许盐，搅拌均匀，倒入肉里，然后加入淀粉和面粉，搅拌均匀。

● 锅里加入适量油，烧到 5 ～ 6 成热（5 ～ 6 成油温的掌握可以用一根筷子来测试，在油里插入筷子，筷子周围冒出密集的小泡，油面有轻微的油烟时油温就是 5 ～ 6 成热）。

● 油温烧到 5 ～ 6 成热时改小火，放入肉炸到金黄，下肉时动作要迅速，一片一片下入，全部下入后改中火炸，炸到稍微定型后轻轻搅拌，将粘连在一起的划散。炸到金黄后出锅。

● 另起一锅，加入适量油烧热，放入西红柿丁翻炒，然后加入青蒜苗的根部翻炒，加入适量盐翻炒均匀。

● 加入适量开水，放入炸好的酥肉，大火再次烧开，改中火，盖上盖子多煮一会。

● 先加入蒜苗叶子烫至变色，然后加入香菜，根据自己的口味酌情滴入一点生抽、蚝油、香醋即可。

料理小贴士

淀粉和面粉的用量是 1：1，鸡蛋、淀粉和面粉的具体用量要根据实际情况来定，做到将肉充分包裹，面糊的干湿程度掌握在面糊可以流动，但挂在肉上却不易滑落的程度就好。

香酥排骨

这排骨，居然可以香酥不吐骨头！做香酥排骨，叶子也是第一次，真的没想过有这么好吃，而且做起来也很迅速。我用的是脆骨多的那一部分排骨，吃起来不吐骨头，真的特别招人喜欢！

材料

猪肋排 500 克，杭椒、美人椒、鸡蛋各 1 个，生姜 1 块，熟白芝麻、淀粉、生抽、油、盐各适量

做法

● 排骨入锅煮 20 多分钟，然后加入姜片一起煮。

● 将杭椒和美人椒斜着切成小段。

● 在空碗中打入 1 个鸡蛋，加入适量生抽充分搅拌均匀，接着加入淀粉拌成糊，把煮好的每一块排骨均匀挂糊。

● 在油温 4 成热的时候下入排骨，以中小火炸，途中需要不停翻动排骨。

● 快出锅前，用大火炸一下逼出油脂，炸至金黄后捞出控油。

● 锅里留底油，煸香辣椒。

● 加入炸好的排骨，撒上适量盐和熟白芝麻，翻拌均匀即可。

料理小贴士

● 杭椒和美人椒是为了配色，不会让排骨变辣。

● 喜欢甜味的人可以不加辣椒，用糖炒成糖色后加入排骨、撒上芝麻，或者少许油里放入番茄酱炒一炒后倒入排骨再撒上白芝麻就可以了。

CHAPTER **05**

烤五花肉

　　叶子也曾经是五花肉控，真的喜欢它超过瘦肉，但是生完宝宝后因为要控制体重所以就很少吃。在学了营养学后又觉得五花肉饱和脂肪酸含量高就更不敢吃了。但实在是馋得慌，于是便想出了一个简单又不失香味的做法。

营养小学堂

五花肉是人们非常青睐的肉类，但其热量较高，含有较高的脂肪，而且以饱和脂肪酸为主，日常生活中，对于油脂的摄入最好是饱和脂肪酸、多不饱和脂肪酸、单不饱和脂肪酸这三者的比例为1：1：1，饱和脂肪酸摄入过多会造成升高总胆固醇，降低高密度脂蛋白胆固醇（被称为"好的胆固醇"），升高低密度脂蛋白胆固醇（被称为"坏的胆固醇"），摄入过多的饱和脂肪酸有可能引起动脉粥样硬化，增加冠心病的风险。

因此，五花肉烤着吃相对健康，不仅不用一滴油，而且还把大部分油脂逼了出来，从而减少了脂肪的摄入量。另外，吃烤五花肉的同时，要多摄入蔬菜，增加膳食纤维，膳食纤维能减少体内对脂肪的吸收。

材 料

五花肉 300 克，黑椒汁、椒盐、孜然粉各适量，孜然粒少许

做 法

- ●五花肉切成片。
- ●在五花肉里加入黑椒汁、椒盐、孜然粉，抓匀。
- ●烤盘里铺好油纸，将五花肉均匀铺好。
- ●放入烤箱中层，以上下火 230℃的温度，烤 15 分钟左右。
- ●取出烤肉，再刷上适量黑椒汁，撒上孜然粒，再烤 2 分钟即可。

料理小贴士

- ●黑椒汁含盐，所以椒盐一定不要放多了。
- ●烤的时间要根据自家烤箱特性和五花肉厚薄来决定。
- ●从烤箱取出来后立即将烤好的五花肉装入盘，因为逼出来的油很多，继续放在烤盘的话又会重新吸收油脂。

CHAPTER 06

孜然煎炒羊肉

　　吃起来像烤羊肉串，但却不用烤，吃起来像孜然羊肉，但却不用炸。这个羊肉不仅超级好吃而且很营养健康，多种食材荤素搭配，营养更加均衡。不用油炸不用烧烤，只用一点点自制的辣椒油，吃起来健康又美味。

营养小学堂

　　羊肉有着温补的作用，能提供人体需要的优质蛋白，还有助于补铁，相对猪肉而言，羊肉蛋白质含量较多，脂肪含量较少，富含铁、锌、硒等矿物质和维生素B_1、维生素B_2、维生素B_6，羊肉肉质细嫩，容易消化吸收。

　　这一道孜然煎炒羊肉，不用炸不用烤，却有着像肉串一样的焦香，用油很少，属于健康烹调。用洋葱、芹菜、胡萝卜、香菜、青红柿子椒来腌制羊肉，让大自然赋予的本真味道与羊肉结合，起到去膻提鲜的作用，同时腌制后的蔬菜焯水后还可以做一道拌菜，与羊肉同吃，荤素结合，多种搭配，色彩丰富，营养更全面，是一道老少皆宜的美味菜肴。

材料

羊肉 200 克，洋葱、芹菜、胡萝卜、香菜各 50 克，青柿子椒、红柿子椒各 1 个，自制辣椒油、孜然、生抽、米酒、盐、辣椒粉、姜汁各适量，白醋、香油、芝麻酱、香醋各少许

做法

● 芹菜、胡萝卜、洋葱切成丝，香菜切成段，青红柿子椒切成圈，羊肉切成片，将羊肉、胡萝卜丝、芹菜丝、洋葱丝放在一起，加入适量盐，抓匀，腌制十几分钟。

● 挑出羊肉，加入米酒、生抽、自制辣椒油、姜汁抓匀，腌制几分钟。

● 将羊肉片一片一片放入烧热后的平底锅中，煎干水分，加入辣椒油翻炒，加入孜然、辣椒粉翻炒均匀，撒入香菜，出锅。

● 锅里水烧开，加入少许盐、白醋、香油，将胡萝卜丝、芹菜丝、洋葱丝放入焯水后捞出。

● 用少许辣椒油、生抽、香醋、芝麻酱调成酱料汁倒入焯好水的蔬菜里拌匀，将青红柿子椒摆盘，羊肉码放在上面，把做好的配菜装入盘子的另一端。

料理小贴士

● 因为腌制羊肉的蔬菜还要吃，所以切的时候不要切太细，这样羊肉便于挑选出来。

● 一定要把羊肉的水分煎干，这样才有焦香的味道。

CHAPTER 07

红酒烤羊排

每次看到羊排，总是有一种温暖涌上心头，而且身不由己地又想到了红酒。将红酒融入羊排中，再用简单的调料烤出来，就已经香得让人垂涎欲滴，吃入口中更是让人唇齿留香、回味不已。

材料

羊排 500 克，生姜 1 块，红酒 100 毫升，大蒜 5 瓣，生抽、黑胡椒粉、辣椒粉、孜然粉、小番茄、生菜、盐各适量，百里香、黑胡椒各少许

做法

●生姜洗净去皮切片，大蒜去衣切片，备用。

●将洗净的羊排抹上盐，然后倒入适量生抽和红酒，撒上黑胡椒粉，加上姜片和蒜片。

●用刀尖将羊排戳一戳，让味道充分进入里面。

●包上保鲜膜，放入冰箱腌制一晚。

●取出腌好的羊排，撒上黑胡椒粉、孜然粉和百里香。

●然后放入烤箱，以 200℃的温度烘烤 25 分钟左右。中途记得打开烤箱，给羊排翻面，再撒些辣椒粉和孜然粉。

●将洗净的生菜焯水，小番茄对半切开，摆入盘中。

●取出烤好的羊排，铺在生菜上即可。

料理小贴士

●家里没有百里香的可以不放，辣椒粉和孜然粉也可以根据自己的喜好来酌情添加。

●烤的时间要根据自家烤箱性能灵活掌握。

CHAPTER 08

烤整鸡

大年三十这一天，做一顿不一般的年夜饭。据说大多数家庭都有鸡这道菜，那叶子今天也来分享一个鸡的做法。这道菜的做法有点特别，本打算用柠檬的，但一想到过年大鱼大肉吃得多容易上火，就改为金橘了，没想到做出来后味道很赞，全家人都很喜欢吃。

材料

柴鸡1只，金橘5个，洋葱半个，生姜1块，大蒜4瓣，黑胡椒粉、豆瓣酱、韩式辣酱、孜然粉、生抽、蚝油、盐、香油各适量，蜂蜜少许

做法

● 生姜、大蒜切碎，将一整只鸡处理干净，鸡肚子里面仔细清洗；将生抽、蚝油、豆瓣酱、韩式辣酱、黑胡椒粉、孜然粉调成汁。

● 姜蒜挤出汁，与金橘汁一起加入上一步的酱汁中，制成调味汁，并将其反复抹在鸡身，里外都抹上。

● 接着用牙签在鸡的全身插孔，使其更加容易入味。

● 把鸡抹好后放入冰箱腌制24小时，中途翻一面，再涂抹一遍汁液。

● 洋葱切成丝，金橘切成片，再滴入几滴香油，撒上适量盐和少许黑胡椒粉，拌匀，将拌好的材料放入鸡肚子里，然后用粗的棉线缝起来。

● 用烤箱转叉固定好，放入烤箱，以上下火220℃的温度，烤30分钟左右后，将温度下调到200℃，再烤30分钟。

● 用适量豆瓣酱、韩式辣酱、蚝油、少许蜂蜜，调成汁，烤的途中刷两遍，烤完后即可装盘食用。

料理小贴士

● 选择鸡要选择肉质嫩的，不要选择老鸡。

● 蜂蜜一点点就行，不要抢味道，刷少许蜂蜜，烤出来的鸡，颜色会非常漂亮。

● 烤的时间根据鸡的大小和烤箱的性能来决定，按照每家实际情况来操作，中途多观察，直到烤熟为止。

CHAPTER **09**

金针菇培根卷

　　女儿喜欢吃金针菇，我也特别喜欢这个膳食纤维含量高的食物。叶子最近几年一直在进行体控，所以高膳食纤维低热量的食物叶子特喜欢。今天利用家里的几片培根，搭配点胡萝卜，做成今天这个菜，增色增营养，味道也非常的棒！

营养小学堂

培根曾被世界卫生组织下属国际癌症机构（IARC）列为致癌物，是因为培根属于加工肉类，烟熏、腌制食物都有致癌风险，北美肉类研究中心的巴里·卡彭特（Barry Carpenter）指出，其实任何东西或多或少都有点致癌概率，只要平常少吃或者偶尔吃一点，就不必太过于担心。

吃这类加工食品的时候要重视搭配，像这道培根金针菇卷，金针菇不仅富含膳食纤维，保护肠道健康，同时有提高免疫力的作用，做的时候培根里尽量多加一些金针菇，多加入一些其他蔬菜类，减少培根的摄入量，这样既享受到美味，又降低了风险。这道菜采用了无油的烹调方法，相对更健康，还加了胡萝卜增加色彩，营养也更丰富。

材 料

培根3片，金针菇200克，胡萝卜1段，蚝油、椒盐、孜然各适量，生抽少许

做 法

● 将每片培根切成两段，胡萝卜切成丝。

● 金针菇去根清洗干净，和胡萝卜丝放一起。

● 加入少许生抽，适量蚝油、椒盐、孜然，拌匀。

● 每一片培根卷上适量的金针菇和胡萝卜丝，用牙签固定。

● 烤盘上铺好油纸，放入金针菇培根卷，放入预热好的烤箱中层。

● 以上下火210℃的温度，烤15分钟左右，中途给金针菇培根卷翻一面，表面撒上孜然。

● 烤好后，取出装盘即可食用。

料理小贴士

● 没有烤箱可以用微波炉的烘烤功能做，没有烘烤功能的也可以直接用高火功能。

● 在金针菇和胡萝卜丝上多刷一些酱料汁，烤的时候不至于太干，也可以直接用锅煎。

CHAPTER **10**
四喜丸子

　　四喜丸子是一道非常吉利的菜，在饭馆的点菜率也是非常的高。以前一直觉得四喜丸子会很吸油，觉得油炸很不健康，经过尝试才知道，很多事情真的不能凭想象，只有实践才能出真知。

营养小学堂

　　四喜丸子也叫红烧狮子头，是一道淮阳名菜，有吉祥之意，是一道逢年过节以及婚宴酒席上必不可少的美味。

　　传统的做法采用三分肥七分瘦的猪肉剁成米粒大小，不要剁得太细，经过油炸后用砂锅细火慢炖出来，油亮的狮子头配上嫩黄的娃娃菜，鲜艳的色彩、扑鼻的香味，让人一看就食欲大增。

　　现代营养观提倡低脂饮食，所以这道菜在传统做法上进行了一些改良，肉类肥肉部分减少了，炸的时候表面裹上了面糊，吸油比较少，最后放入的蔬菜尽量多加一些，荤素搭配得当，营养更均衡。

材料

猪肉400克，鸡蛋（蛋液）1个，娃娃菜400克，生姜1块，香葱、红烧酱油、盐、植物油、淀粉、面粉各适量，香油数滴，淀粉、黑胡椒粉各少许

做法

- ●生姜、香葱切成末，猪肉剁成末，打入鸡蛋（留部分鸡蛋液做面糊）；加入适量盐、黑胡椒粉、淀粉。
- ●朝一个方向搅拌，然后进行摔打上劲，剩下的一点鸡蛋液里加入少许水，加入适量淀粉和面粉调成糊。
- ●将摔打上劲的肉末捏成肉丸，表面拍上薄薄的一层面糊。
- ●锅里加入足量植物油，烧到6成热，轻轻放入肉丸，定型后翻一面再炸，炸到6～7成熟后，再以中火炸1～2分钟，使其充分定型，表面焦黄。
- ●砂锅里放入娃娃菜，加入开水，再放入姜片、葱段、肉丸、少许盐和红烧酱油，以中小火焖煮半小时。
- ●肉丸焖煮好后，将汤倒入锅里，加入水淀粉勾芡，滴入香油，将娃娃菜装盘，放上肉丸，倒入汤汁，撒上葱花即可。

料理小贴士

猪肉一般采用三分肥肉七分瘦肉的搭配，这里为了减少肥肉的摄入，是用二八比例制作的，加入肉里的淀粉一点点就可以了，鸡蛋面糊中淀粉和面粉的比例为1：1。

麻辣肉皮

叶子今天做的是加了青椒、红椒炒的肉皮，由于青椒有点少，后面又加了些香芹，毕竟做饭不是数学公式，灵活最重要。麻辣肉皮就加上一点泡椒、泡姜、酸豇豆，做好后甭提有多好吃了！

材 料

肉皮500克，青椒、八角各1个，红椒2个，香芹200克，泡椒5个，泡姜3块，酸豇豆60克，干花椒1小把，干辣椒10个，香叶2片，桂皮1段，豆瓣酱、油各适量

做 法

● 锅里加入足量水，放入肉皮、八角、香叶、桂皮，将肉皮煮熟。肉皮煮到能用筷子插得动就可以了，不要太硬也不要太烂。
● 泡椒、酸豇豆切成小段，泡姜切成丝，豆瓣酱剁细。
● 青椒、红椒切成短一点的丝，香芹切成小段，干辣椒切成小段。
● 煮熟的肉皮刮去肥肉后切成丝。
● 锅里加入适量油，放入干花椒和干辣椒小火炒香，冷油的时候放入，这样不易糊，慢慢炒出香味。
● 加入泡椒、酸豇豆、泡姜，翻炒，接着加入豆瓣酱炒香，然后加入肉皮充分炒入味。
● 最后加入青椒、红椒、香芹，翻炒入味即可。

料理小贴士

● 泡菜都比较咸，豆瓣酱也比较咸，所以不用再放盐了。
● 喜欢吃很辣的可以将青椒、红椒改为线椒和美人椒。

水煮肉片

冬天有什么能比得上这个？这一碗要是治愈不了你的馋虫，那就做两碗!
这道菜它的确解馋，肉质香软易嚼，配上一碗米饭，十分下饭。

材 料

里脊肉 300 克，小油菜 200 克，鸡蛋 1 个，生姜 1 块，大蒜 3 瓣，干辣椒 10 个，干花椒 1 小把，小葱、豆瓣酱、辣椒粉、淀粉、油适量，花椒粉、生抽各少许

做 法

- 生姜、大蒜切成片，小葱葱头切成段。
- 里脊肉切成薄片，然后加入鸡蛋清、少许生抽、少许油、适量淀粉，充分抓匀。
- 干辣椒和干花椒用小火干炒，直到炒出香味。
- 用刀背砸一下辣椒，使其成小段。
- 锅里加入少许油，加入豆瓣酱、葱姜蒜，翻炒出香味。
- 加入一大碗开水再次烧开，再加入小油菜烫至变色后捞出。
- 再将里脊肉片一片一片放下去，表面裹的淀粉定型后轻轻划开，煮熟后连同汤和小油菜倒在一起。
- 将炒香的辣椒和花椒撒在表面，再撒上适量花椒粉和辣椒粉。
- 锅里加入适量油烧到微微冒烟后淋在表面即可。

料理小贴士

- 里脊肉片裹上鸡蛋清、油、淀粉后要抓一下，使其裹均匀，下入锅里要一片一片下，并且动作要快，煮熟立即出锅，这样的肉片才嫩滑。
- 吃的时候将表面的油全部舀出再吃。

CHAPTER **13**

红烧猪蹄

　　朋友们一直期待的红烧猪蹄终于来啦！软软糯糯的口感，确实好吃得不得了。今天做的这个红烧猪蹄做法与平时做的有所不同，这一种做法，更加健康，快来学一学吧！

营养小学堂

常规做红烧猪蹄需要炒糖色，而叶子这个红烧猪蹄的做法是用的番茄沙司来炒的。番茄沙司含有很高的番茄红素，比直接用糖来炒要健康得多，而且很多新朋友对于炒糖色不易掌握，用番茄沙司炒就省去了这个麻烦。另外，因为番茄沙司里含有少量糖，炒出来上色也不错。

在这里要和大家补充一点，由于猪蹄含有较高的胶原蛋白，所以很多朋友就认为吃猪蹄能够美容，其实不是这样的。猪蹄中所含的胶原蛋白吃进肚子里会被分解，机体会根据自身需要进行重新合成身体所需的各种蛋白质，所以指望吃猪蹄来美容是不靠谱的，猪蹄的脂肪含量很高，吃多了还容易导致肥胖，偶尔享受美味可以，就不要指望它来美容了。

材 料

猪蹄 2 只，生姜 1 块，番茄沙司 25 克，干辣椒 4 个，干花椒 1 小把，香叶 1 片，八角 2 个，小葱 3 棵，料酒、盐、油各适量，老抽少许

做 法

● 生姜切成片，干辣椒剪成段。

● 猪蹄入锅焯水，小葱打结后加入。

● 加入适量姜片、料酒，中途撇去浮沫，然后将焯好水的猪蹄用热水冲洗一下。

● 锅里加入适量油，加入番茄沙司稍微翻炒。

● 加入姜片、八角、香叶、干花椒、干辣椒段，翻炒。

● 加入猪蹄翻炒，加入适量盐、少许老抽翻炒，炒的时间稍微长一点。

● 转入压力锅，加入适量开水，注意压力煲用水少，所以水不要加多了。

● 将压力锅调到红烧档位，煮好后就很软烂了。

● 将煲好的猪蹄装入碗中，最后撒上葱花即可。

料理小贴士

● 猪蹄的腥味比较浓，所以焯水的时候料酒要多一点，时间长一点。

● 加了点花椒和辣椒其实并不麻辣，只是为了去腥提味。

CHAPTER 14

润肺雪梨鸭

　　水果入菜不是什么新鲜事，但是用雪梨烧鸭的确很少有人做，雪梨和鸭都有润肺的作用，而鸭在雪梨的味道作用下会变得更加滋润。

营养小学堂

　　·鸭肉相对于猪牛羊肉来说所含脂肪饱和度要低一些，但是仍然要限量，吃的时候尽量去掉一些肥的部分。鸭肉有着温补润燥的效果，尤其适合秋天吃，加上雪梨的润燥效果就更胜一筹了，如果有金橘可以搭配两三个金橘在里面，这样就可以作为一道秋季润燥、老少皆宜的美味菜肴了。

　　鸭肉有一定的腥味，加入米酒汁来炒，可以去腥提鲜，米酒汁就是糯米酒里的汤汁，有着自然的香甜味道，这样就不用在菜品里加入精制糖了。精制糖，被称为甜蜜的毒药，在日程生活中，要尽量少摄入。

　　最后加上富含多种维生素的青椒、红椒，不仅色彩漂亮，而且营养更丰富，还促进食欲。

材料

鸭肉600克,雪梨、青椒、红椒各1个,米酒汁50毫升,生姜1块,大葱1段, 大蒜6瓣,生抽、盐各适量,老抽数滴

做法

- ●青椒、红椒切成片,生姜切成薄片,雪梨切成块,大葱切成段,大蒜稍微拍一下,鸭肉斩块。
- ●锅里加水烧开,放入鸭肉煮几分钟后捞出。
- ●锅烧热,加入少许油,润一下锅,然后加入鸭肉慢慢煸炒出油分。
- ●加入葱姜蒜、生抽、盐、米酒汁,翻炒入味,加入几滴老抽上一下色。
- ●加入适量开水用大火烧煮。
- ●直至烧到几乎没有汤汁为止,这时候鸭肉也很软烂了。
- ●加入青椒片、红椒片、雪梨块,一起翻炒,多炒一会,充分入味。

料理小贴士

- ●米酒汁就是制作的糯米酒的汤汁,一般超市也有卖,有去腥提鲜的效果。如果实在没有的话可以用料酒或者少许白酒代替。
- ●最后加的雪梨可根据个人口味来添加,不喜欢的可以不用加。

CHAPTER 15

玉米炖牛腩

　　炖菜永远是家庭离不开的美食，尤其是秋冬季用来贴秋膘以及作为暖身菜肴，今天分享一款简单的炖菜，用了玉米和芋头来炖牛腩，美味又健康。

材料

牛腩 500 克，芋头 4 个，嫩玉米、八角各 1 个，红酒 100 毫升，番茄酱 15 克，生姜 1 块，桂皮 1 段，香叶 2 片、盐、油、生抽各适量

做法

● 将牛腩切块，生姜切片。

● 牛腩冷水入锅，加入八角、桂皮、香叶、生姜片，煮开后撇去浮沫，煮 10 多分钟。

● 嫩玉米切成小段，芋头切成滚刀块。

● 锅里加入适量油，炒香番茄酱。

● 加入焯好水的牛腩，加入红酒翻炒。

● 加入芋头、嫩玉米，稍微翻炒。

● 加入适量开水，大火再次烧开后改小火慢慢炖熟，如果着急就转到压力锅里煮。

● 炖熟后加入适量盐、少许生抽，翻炒均匀出锅。

料理小贴士

● 直接在炒锅里慢炖，时间会比较长，玉米可以在后面再加进去。

● 建议转入压力锅里炖，这样比较快。如果是用炒锅慢炖，水要多加一点；如果是用压力锅炖，水就要少一些。

CHAPTER 16

西红柿炖牛腩

西红柿炖牛腩，是我最爱的一道菜。之前在外面饭馆吃了几次，总觉得西红柿酸酸的难以下咽。今天自己动手做了这道菜，味道一点也不酸，吃起来非常有滋味，其中还采用了多种食材搭配，营养也很丰富。

材料

牛腩 400 克，西红柿 2 个，胡萝卜 1 根，洋葱、土豆、八角、干辣椒各 1 个，生姜 1 块，香叶 1 片，桂皮 1 段，番茄酱、豆瓣酱、油各适量，干花椒数粒

做法

● 牛腩切成小块，入锅焯水，中途撇去浮沫。

● 土豆、胡萝卜切成块，洋葱切成片，西红柿去皮切成小块。

● 将西红柿中心的白色部分去除干净，生姜切成片，豆瓣酱剁细。

● 将焯好水的牛腩放入压力锅里，加入适量开水、香叶、八角、桂皮、干辣椒和干花椒，压 20 分钟后捞出牛腩。

● 锅里加入适量油，炒香豆瓣酱和番茄酱，接着加入西红柿翻炒，稍微多炒一会。

● 加入土豆、洋葱、胡萝卜、牛腩，翻炒入味。

● 将炖牛腩的汤倒入，倒的时候用一个漏勺过滤，去除掉香料。

● 土豆炖熟，炖到汤浓稠即可。

料理小贴士

● 另一种方法是将牛腩焯水后直接和其他材料一起炒，炒后加入开水，入压力锅里煮熟就可以了，那样的话水要少一点，因为压力锅用水量少，具体要根据压力锅的性能来定。

● 压牛肉的时候加的干辣椒和干花椒都只放一点点，这是为了提味，吃起来没有麻辣味，这里可根据自己的喜好来添加。

● 豆瓣酱含盐，所以不需要再加盐。

汤水滋味
美味汤羹日日饮

香浓美味的汤羹饮品，是中国家庭餐桌上
必不可少的一道菜式，一碗滋补靓汤，是
餐桌的点睛之处，更是家传滋味的延续。

南瓜银耳汤

　　很多朋友觉得南瓜不好吃，其实关键是要找对烹调方法，而这款以南瓜和银耳为主，同时也加了大枣、莲子、枸杞、薏米的汤羹，就把南瓜的味道衬托得很好。南瓜本身微甜，大枣也有甜味，所以做这汤的时候不需要加糖，本身的味道就很醇厚，又带有自然的甜味，尝起来真的感觉很不错！

材 料

南瓜 400 克，银耳
10 克，去核大枣
30 克，莲子 10 克，
枸杞 5 克，薏米
80 克

做 法

●薏米提前用凉水泡 3 ～ 4 个小时。

●银耳提前用凉水泡 1 ～ 2 个小时，撕成小朵。

●南瓜切成块。

●将所有食材倒入砂锅里，加入足量水。

●将电砂煲调到煲汤档位，慢慢煲至完成。

●盛出煲好的汤羹即可。

料理小贴士

●如果觉得味道不够甜，可以喝的时候再加点蜂蜜。

●因为叶子喜欢把南瓜炖得烂烂的，所以是把所有材料同时放进去炖煮的。如果不喜欢这种口感的人，可以最后放入南瓜炖煮。

皂角米桃胶银耳羹

温暖的厨房让我享受到各种幸福，做美食、拍美食、写美食……一不小心就会经常熬夜，熬夜的结果就是脸上油光满面、皮肤黯淡粗糙。为了维持美丽的容貌，于是今天献上一道美容养颜的滋补汤，广大女性们，千万不要错过！

材 料

桃胶、银耳、蔓越莓各15克，
皂角米 10 克，蜂蜜适量

做 法

● 桃胶和皂角米用凉水泡 12 ～ 24 个小时，期间需换水 2 或 3 次。
● 在浸泡 3 ～ 6 小时的时候，去除杂质。
● 银耳用凉水泡 2 小时后去蒂，撕成小朵。
● 将皂角米和银耳放入炖盅里，加入适量水，隔水炖 1 小时。
● 加入桃胶，再隔水炖 40 分钟左右。
● 然后加入蔓越莓，再隔水炖 15 分钟左右。
● 最后加入适量蜂蜜就可以饮用了。

料理小贴士

● 桃胶要彻底洗干净，不然含有杂质会影响其口感。
● 皂角米不容易煮烂，因此炖煮的时间要充分，一般使用高压锅炖煮的话大约 40 分钟，如果用电炖锅需要 6 ～ 7 小时，砂煲的话则需要小火慢炖 2 小时左右。

CHAPTER **03**

银耳莲子汤

　　银耳被称为"平民燕窝"，有滋阴养胃、润肺安神的功效，炖煮时加上养心益肾的莲子，就成了历代推崇的养生品——莲子银耳羹。我做的时候加了大枣和枸杞，再加一点点冰糖，吃起来口感软糯顺滑，既养生又美味。

营养小学堂

　　银耳有"菌中之冠"的美称，也被称为"平民燕窝"。其价格低廉，却有着类似燕窝的功效，银耳除了富含纤维素、钾等，还富含银耳多糖，能增进胃肠蠕动，改善肠道功能，提高免疫力，还能滋阴润肤。

　　莲子能安神去火，养心益肾，莲子、银耳再加上大枣、枸杞和一点点冰糖做成的莲子银耳羹，具有滋阴润肺、益气养心、美容养颜、提高免疫力等功效，老少皆宜，尤其适合女性饮用。

　　这款汤适合用砂锅慢慢煲，也可以用压力锅快速煲好后焖一段时间，用砂锅煲出来效果会更好些。

营养师的餐桌——超下饭的营养家常菜

材料

银耳 30 克，莲子 25 克，大枣 6 个，枸杞 10 克，冰糖 20 克

做法

- ●莲子和银耳泡发，一般莲子需要泡 2 个小时，银耳 30 分钟就可以泡好，都用凉水泡，多泡一会也无妨。
- ●剪去银耳的蒂部，记住一定要将有点硬的部分都去掉，这样做出来的口感好。
- ●为了口感更好，要把莲子心去掉。
- ●大枣清洗干净去掉核，枸杞清洗干净。
- ●高压锅里加入足量水，加入银耳 (银耳要撕成小块放入)、莲子、大枣、枸杞。
- ●大火煮开后转中火煮 30 分钟。
- ●煮 30 分钟后关火不要去掉气阀，焖着直到自然降低温度，这时候再打开看已经很黏稠了，吃之前加入冰糖再煮几分钟即可。

料理小贴士

冰糖可根据自己的口味酌情添加，成人每天精制糖的摄入量建议不要超过 25 克，减肥人群、老年朋友、三高等慢性病人群都要限量。

CHAPTER 04

山药雪梨莲藕汤

　　金秋十月桂花开，在美丽的季节，心情也跟着美丽，人和食物也要跟着美丽起来！所以，今天来上一碗美丽的汤，既能美容养颜，又能养眼养胃养心情！

营养小学堂

　　山药含有多酚氧化酶、皂苷、黏液蛋白、维生素及矿物质元素，具有健脾益肺的功效，其中的黏液蛋白有助于降低血糖和预防心血管疾病，山药非常适合脾胃虚弱的人吃，但食物的食疗效果跟地域有关，河南焦作的怀山药健脾功效最佳。莲藕有着润燥通便、益胃健脾的功效，用莲藕做汤羹有股淡淡的清香味，如果莲藕直接吃块可以选择淀粉含量高一些的粉藕，如果打成汁喝，可以选择清脆汁多的脆藕。雪梨有滋阴润肺的效果，这三种材料加上大枣、枸杞、桂花，做出来的汤养生又美味，不需加糖，就有自然的香甜味道，可以根据自己的口味酌情加一点点润肠的蜂蜜，但蜂蜜的含糖量也很高，不建议摄入太多。

材料

山药 400 克，雪梨
1 个，莲藕 1 段，
大枣 6 个，枸杞 1
小把，桂花 3 克，
蜂蜜适量，金莲
花 1 朵

做法

● 雪梨去皮去核切成小块。

● 莲藕切成片，再清洗干净。

● 山药切成小块。

● 砂锅里加入足量水，放入莲藕、山药、雪梨、大枣、枸杞，
　 大火烧开后，改小火慢慢煲，煲 2 ～ 3 个小时。

● 汤完全煲好后加入桂花，用余温将桂花香气渗入汤里。

● 享用时加适量蜂蜜，再加一朵金莲花点缀即可。

料理小贴士

● 水要一次性加够，用小火慢慢煲。

● 由于大枣和雪梨都自带甜味，即使不加蜂蜜味道也不错，如果喜欢更甜的人，也
　 可以适当加点冰糖。

● 小朋友不喜欢吃里面的成块食材，可以在做好后用料理机打成细腻的汁来饮用。

养生四物汤

夏日养生需化脾湿，脾在五行中属土，与胃相表里，脾主格局，一个人的脾胃是否良好，不仅影响进食，而且影响到性格是否大气。炎炎夏日，食欲下降，心火旺盛，这时候就想吃更多的生冷食物，所以脾湿就来了。

材料

山药 300 克，赤小豆 60 克，薏米 40 克，荷叶 1 片

做法

● 将荷叶清洗干净。

● 山药清洗干净去皮切成小段（山药去皮的时候，如果手会发痒，就把手伸到火边烤一烤，受热之后就会分解掉造成手痒的皂苷）。

● 赤小豆、薏米泡一会后，和荷叶、山药、水，倒入锅里（这里叶子用的是压力锅，泡的时间不用很长，如果用普通锅煮，建议泡 10 个小时左右）。

● 调到八宝粥功能，将其煮熟。

● 荷叶捞出不要，将所有材料倒入料理机桶里打成汁即可。

料理小贴士

赤小豆一定要煮熟，不然是有微毒的，经常食用的一般人群可以将赤小豆换为红豆来制作，因为赤小豆不宜经常吃。

CHAPTER 06

夏日绿豆汤

夏日绿豆汤是家庭中非常常规的一种清热汤，我家平常煮绿豆汤不放糖直接喝，虽然我喜欢，可是女儿不喜欢，于是我改成了今天这个做法，依然没有糖，但是女儿却非常喜欢喝了。

材料

绿豆 200 克，薏米 50 克，葡萄干 20 克，大枣 6 个，炼奶、枸杞少许

做法

● 绿豆和薏米用清水泡好，薏米最好泡 4 个小时左右，绿豆泡 1 个小时。

● 大枣清洗干净去核，葡萄干清洗干净。

● 锅里加入足量水，将所有材料放入，大火煮开后转中小火煮熟。

● 煮好后，用料理机打成更加细腻的汤。

● 最后挤少许炼奶，放入枸杞作点缀即可。

料理小贴士

● 水一次性要加够，稀一点口感更好。

● 绿豆性凉，体质虚寒的人不宜多喝。

CHAPTER 07

疙瘩汤

　　我女儿特别喜欢疙瘩汤，所以我就多方面学习疙瘩汤的做法，原先的做法也不错，今天要来分享一个新做法，因为这个特别接地气，解决了很多朋友不会搅拌疙瘩的问题。

材 料

面粉 200 克，西红柿、鸡蛋各 2 个，小油菜 100 克，番茄酱 10 克，生姜 1 块，小葱 2 棵，盐、油各适量

做 法

- ●西红柿表皮划成十字，在开水里烫 10 秒，去掉皮。
- ●将西红柿切成小块，小油菜切碎，葱、姜切成末，葱白和葱叶分开切碎，鸡蛋液搅打均匀。
- ●在碗中倒入少许面粉，加入水，用打蛋器搅拌均匀成流动状，以打蛋器提起，混合液会缓缓流动为宜。如果用筷子搅拌，就不要转圈搅拌，以免起筋影响疙瘩的口感。
- ●锅里加入油烧到七成热，倒入葱、姜末爆香。
- ●加入番茄酱翻炒片刻，接着加入西红柿，直到炒到只剩下一些西红柿颗粒状，西红柿要炒到有点烂，汁液渗出，但是不要全烂，再倒入适量开水至烧开。
- ●将面糊一边往漏勺里倒一边抖动漏勺，使面糊成为均匀的疙瘩，注意漏勺要来回移动，使疙瘩均匀落入整个锅里。
- ●漏勺漏下来的疙瘩在开水里很快定型，然后用锅铲轻轻翻动，如果有结在一起的大块，稍加拍打，使其散开。
- ●用一个大勺舀起鸡蛋液，沿着锅四周片状撒出去，片状鸡蛋液定型后用勺按压按压，让鸡蛋片分散开。
- ●加入小油菜和葱花、盐，翻炒均匀出锅即可。

料理小贴士

- ●西红柿要买熟透的，番茄酱是西红柿浓缩品，富含很高的营养，味道微甜，所以能增色增味。
- ●面糊的干湿度要合适，漏勺一边漏一边要抖动，让面糊顺畅流下去，同时要来回移动，使其均匀，这样做出来的疙瘩汤口感才会好。

CHAPTER **08**

三丁豆腐汤

　　白嫩的豆腐看起来虽然平凡无奇，但做成餐桌上的一道佳肴时，却是人人都难以拒绝的美食。原本就极具营养价值的豆腐，搭配上其他的蔬菜、肉类，便又是一道养生汤了。

营养小学堂

　　豆腐是物美价廉的好食物，富含优质蛋白和丰富的钙，而且还含有大豆异黄酮、大豆卵磷脂和植物固醇，大豆异黄酮有着和雌激素类似的分子结构，能对人体激素进行双向调节，大豆卵磷脂能延缓衰老、软化血管、降低血黏稠度，豆腐中的植物固醇会与平常摄入的动物食品中所含的胆固醇竞争吸收，从而降低体内胆固醇，所以，经常吃适量豆腐，对人体健康极其有利，尤其是三高人群以及老年朋友应该多食用一些豆制品。

　　这个三丁豆腐汤除了豆腐还加了西红柿、瘦肉和青豆，营养丰富，是滋阴润燥、补中益气、补脾健胃的一款营养美味汤。

材料

豆腐 300 克，瘦肉
150 克，青豆 150
克，西红柿 1 个，
生姜 1 块，小葱、
油、盐、淀粉、
水淀粉各适量，
生抽少许

做法

● 豆腐切成小块，焯水后捞出备用。

● 瘦肉切成丁，加入生抽、淀粉，抓匀。

● 西红柿切成丁（为了口感好，西红柿去皮），生姜切成末，
小葱切成葱花。

● 锅里加入油，加入姜末炒香。

● 然后加入西红柿丁翻炒，稍微多炒一会。

● 加入适量开水再次烧开，接着加入青豆煮 5 分钟左右，然
后加入肉丁煮 1 ~ 2 分钟。

● 加入焯过水的豆腐、盐、水淀粉，翻拌均匀。

● 最后撒上葱花，即可出锅。

料理小贴士

肉丁要稍微多裹一点淀粉，在肉丁里稍微加点水，反复抓一下，将淀粉充分裹匀，
下入锅里的时候最好散开下入，没有散开的用筷子轻轻划散，这样的肉丁煮出来才
嫩滑。

CHAPTER **09**

海带排骨汤

海带排骨汤，一道普通得不能再普通的家常菜。不过，叶子的做法稍微有点不同，不放油盐酱醋味精糖，煮出来味道也分毫不差，但凡吃过的人都说它好吃！

营养小学堂

海带的碘含量很高，虽然现在食用加碘盐使得人体对碘的摄入量基本不缺，甚至还会过量，但是叶子依旧建议大家每周食用1或2次海带，当然，如果每周都在吃海带，就需要减少加碘盐的食用量了。

此外，海带里含有甘露醇，它对降低血压、利尿有一定作用；海带里还含有岩藻多糖，能提高免疫力，有研究表明，岩藻多糖还具有防癌抗癌的效果。

这道海带排骨汤加了酸萝卜来调味，风味独特，更加入味。当然，酸萝卜属于泡菜，含盐量较高，用之前需要用清水泡一泡。另外，酸萝卜也需要选用浸泡20多天的，这样的酸萝卜含亚硝酸盐量很低，如果没有酸萝卜，也可以不加或者用风干萝卜干来代替。

材 料

排骨 500 克，干海带、泡酸萝卜各100 克，米酒汁 100毫升，生姜 1 块

做 法

- ●排骨斩小块后焯水。
- ●泡酸萝卜切成条，生姜、海带切成小片。
- ●砂锅里加入适量水，加入海带。
- ●加入泡酸萝卜、生姜，烧开。
- ●然后加入焯好水的排骨，小火焖煮，直到排骨煮熟。
- ●最后放入米酒汁，再煮一会，至排骨脱骨，盛入碗中即可食用。

料理小贴士

- ●加了米酒汁后汤的味道会变得更加鲜美。
- ●因为泡酸萝卜有盐，所以汤里不需要再加盐。
- ●如果用普通砂锅熬煮，建议汤煮开后，改中小火煲，时间长短根据实际情况来定。

CHAPTER **10**

黄豆猪蹄汤

　　孕妇的餐不是简单的几道菜，而是一个全面均衡的营养搭配。今天介绍的这道菜，是中国大多数孕产妇女都会吃的滋补汤品。

营养小学堂

　　黄豆富含优质蛋白和很高的钙，并且易于被人体吸收，黄豆猪蹄汤不仅适合普通大众，也很适合产妇吃，它具有气血双补、通乳的作用。

　　这款黄豆海带猪蹄汤加了自制的米酒汁，能够去腥提鲜，产妇也可以适量吃一些。除此之外，还加了一点自制的泡姜，主要是为了使猪蹄能更加入味，这个有微微的辛辣味，如果是给产妇吃，就要少加或者不加泡姜。

　　另外特别提醒，猪蹄的脂肪含量较高，所以这个黄豆猪蹄汤一次一定不要吃太多，也不要吃得太勤。

材料

猪蹄2只，黄豆200克，米酒汁100毫升，泡姜、生姜各1块，小葱、花椒各1小把，八角1个，桂皮、大葱各1段，香叶2片，海带、盐各适量

做法

● 猪蹄斩块，海带和黄豆提前泡发好。

● 将泡发好的海带切成小片。

● 生姜、泡姜切成片，大葱切成小段，剩余切点葱花。

● 锅里加入足量水，放入猪蹄、花椒、八角、桂皮、香叶、生姜、大葱段，煮开后再煮约10分钟后将猪蹄捞出备用。

● 将猪蹄转入压力煲里，加入泡姜，小葱打结加入，加入适量开水、黄豆和海带，再加入米酒汁，调到煲汤功能。

● 煲好后加入盐，撒上葱花即可。

料理小贴士

有条件的可以将猪蹄在炭火上烧一烧，烧到表皮金黄色后清洗斩块，然后锅里加入少许油，放入猪蹄翻炒，加入少许盐和少许生抽翻炒入味，然后将猪蹄转入压力煲，这样做的猪蹄香味浓，味道更入味，可以免去焯水过程。

CHAPTER 11

黄芪党参鸡汤

今天分享的这个汤是黄芪党参鸡汤，用砂锅小火慢煲了 2 ~ 3 个小时。这里不需要用到那么多的调料，叶子为了照顾家人的口味，还加了一点自制的泡姜，只为那一丝独特的风味。

营养小学堂

鸡肉富含利于人体吸收的优质蛋白，同时富含钾、镁、磷等矿物质，鸡肉的脂肪相比猪牛羊的脂肪饱和度要低一些，但是用来煲汤的话仍然建议将肥油尽量去除，煲好的汤表面上的油也尽量撇掉再喝。

黄芪党参鸡汤是一道食疗养生汤，能补中益气、健脾益肺，适用于脾虚的人喝。像吃什么都不胖的消瘦型人群和浮肿肥胖型人群都有可能是脾虚，脾主运化，运化功能不好，要么吸收很差，要么代谢很差，这款黄芪党参鸡汤就特别适合这类人群喝。

大道至简，大味必淡，这个汤适合小火慢慢煲出来，文中用泡姜是为了增加味觉上的独特风味，没有的完全可以用生姜。

材料

三黄鸡1只，黄芪、党参各10克，泡姜2块，干香菇30克，盐适量

做法

● 干香菇提前用凉水泡发好，鸡肉斩块。

● 锅里加入足量水，放入鸡肉烧开2～3分钟后，捞出备用。

● 香菇、黄芪、党参、泡姜放入电砂锅里。

● 加入适量水烧开，再加入焯好水的鸡块。

● 将电砂煲调到煲汤功能，等待它熬煮完成。如果家里用燃气的话，可以在水煮开后调到小火慢慢煲。

● 汤煲好后加入适量盐，撒上葱花即可。

料理小贴士

● 泡姜可以换成生姜。

● 喝汤前要把表面的油撇掉，以免摄入过多脂肪。

● 鸡肉的皮下脂肪较多，也可以煲汤前将皮下脂肪去掉一部分。

山药柴鸡汤

今天推出一款电饭煲煲的鸡汤，这样做出来的鸡汤，肉好吃汤好喝，做法也超简单，秘诀就是加了两样秘密武器。当然鸡本身的质量也很重要，另外叶子还加了增鲜的香菇和健脾的山药，这些食材完全是鸡汤养生的绝配哦！

材　料

柴鸡 1000 克，鲜香菇 6 个，
铁棍山药 500 克，泡姜 4 块，
香葱 3 棵，米酒汁 100 毫升，
盐适量

做　法

● 鸡清理干净斩块。
● 鸡块温水入锅煮开，撇去浮沫，煮开后再煮 4 ～ 5 分钟捞出。
● 山药去皮清理干净切成段。
● 泡姜切成厚片、香葱打结。
● 香菇根据自己的喜好刻上花。
● 将鸡块、山药、香菇、泡姜、香葱放入电饭煲里，倒入适量开水，加入 50 毫升米酒汁，调到煲汤功能。
● 等鸡块熟后再加 50 毫升米酒汁和适量盐，鸡汤就做好了。

料理小贴士

● 买来的冷冻鸡要清理干净内脏，不然有腥味。
● 山药是补脾胃的好食材，挑选的时候宜选择不易断、黏液多的。

豆浆鸡汤

因为豆制品营养价值高，我曾经用豆浆来煲鸡汤。那味道真的太美味了：自然香醇浓厚且不油腻，家人喝了一碗又一碗。因而，这个豆浆鸡汤已经变成了我家来客必上的汤

材 料

土鸡 1000 克，鲜香菇 300 克，黄豆 100 克，生姜 1 块，大葱 1 段，盐适量

做 法

- 黄豆提前泡发 8 小时左右。
- 泡好的黄豆加入约 1000 毫升的水倒入豆浆机里做好豆浆待用。
- 生姜切成片，大葱切成段。
- 香菇可以根据自己的喜好刻上花。
- 土鸡冷水入锅焯水。
- 将焯好水的土鸡、豆浆、生姜、香菇、大葱放入砂锅里，再加上适量水。
- 大火烧开后改小火煲 2.5 个小时左右。
- 煲汤过程中要用勺不停搅拌，以免豆浆糊底。
- 1.5 个小时后，加入盐，这样可以使肉质既不硬又入味。
- 完成后，将汤盛入碗中即可。

料理小贴士

- 烧开的时候一定注意不要将汤汁溢出锅外，因为豆浆很容易溢出。
- 烧开后一定要用勺刮刮锅底，以免粘锅。

乌鸡汤

今天的滋补汤，是活血养颜、气血两旺的好汤，用了被称为"十全"的乌鸡，搭配香菇、当归、党参、黄芪一起熬煮。为了味道更加鲜美，叶子依然加了喜欢的做菜利器——米酒汁，味道非常鲜美，而且原汁原味，十分好喝。

材 料

乌鸡 1 只，干香菇 30 克，
小枣 4 个，枸杞 1 小把，
当归、黄芪、党参各 5 克，
生姜 1 块，米酒汁 50 毫升，
盐适量

做 法

- 干香菇提前泡发好，生姜切片。
- 砂锅里加入足量水，将泡发清洗干净的香菇放入。
- 加入小枣、枸杞、当归、黄芪、党参、姜片，烧开。
- 乌鸡斩块，入锅焯一下水。
- 将焯好水的乌鸡加入电砂锅里，调到煲汤功能。
- 在鸡肉炖得软烂的时候，加入米酒汁再煮几分钟。
- 然后加入适量盐即可。

料理小贴士

- 乌鸡的味道很鲜，焯水的时候冷水下入，水一开就捞出。
- 乌鸡在熬煮的时候会有少许油溢出，所以做汤的时候不用放油。

老鸭汤

迎着清晨的一抹阳光，美好的一天又从厨房开始了。最近天气变凉了，倒是让人想起了老家浓浓的老鸭汤。这个天，喝一碗暖暖的老鸭汤，那种带着微微酸辣味道的老鸭汤，光是想象着，就感觉整个世界都暖和了。

材料

鸭肉 1000 克，酸萝卜、山药各 200 克，米酒汁 200 毫升，百合 10 克，桂花 5 克，泡姜 3 块，泡椒 2 个

做法

● 鸭肉斩块，酸萝卜和泡姜切成小条，山药切成块，泡椒切成小段。

● 鸭肉放入锅里焯水。

● 将焯好水的鸭肉放入电饭煲里。

● 加入酸萝卜、山药、泡椒、泡姜，加入适量开水，再倒入米酒汁。

● 然后加入百合和桂花，将电饭煲调到煲汤功能。

● 煲好后，将汤盛入碗中即可。

料理小贴士

● 泡椒是腌制的，会比较咸，炖汤时切记不要再加盐。

● 如果酸萝卜过于酸咸，建议用清水泡一泡再用。

Part

4

素养有方

备受赞誉的营养素食

自己动手做素食，感受最天然的食材原味，掌握好烹饪的方式，素菜也可以吃得很营养，很美味。

CHAPTER 01
酸辣白菜

　　大白菜价格便宜又易于储存，炒出来清肠爽口还下饭，叶子今天做的是酸辣味道，白菜的切法还是叶子自创的，这样切特别易于入味，也很容易炒熟，朋友们不妨试试看吧！

营养小学堂

　　白菜含有丰富的膳食纤维，能起到润肠通便的作用，还富含维生素C、钾和胡萝卜素。现代医学认为，白菜能补充粗纤维和多种维生素，经常吃白菜可预防维生素C缺乏症。在中国古代《本草纲目》中就有记载，白菜味甘性平，可解热除烦，通利肠胃，有补中消食、利尿通便、清肺止咳、解渴除瘴的作用。

　　白菜是一种物美价廉的蔬菜，也便于储存，被称为"冬三宝"之一，酸辣白菜因为有醋能更好地减少维生素C的损失，味道酸辣可口，也会增进食欲，是一道理想的低脂减肥菜肴。

材料

白菜 400 克，生姜
1 块，大蒜 4 瓣，
干辣椒 8 个，生抽、
油、盐 各 适 量，
白醋少许

做 法

● 生姜、大蒜切成薄片，干辣椒切成小段。

● 白菜从中间切成两片，然后切成细条，注意每段尾部不要切断。

● 锅里加入适量油，冷油放入干辣椒，慢慢煸炒出香味。

● 加入姜蒜炒香，温度上升后放入白菜大火爆炒。

● 加入适量生抽、盐、少许白醋，翻炒均匀即可。

料理小贴士

● 干辣椒用凉水稍微泡一下，然后用厨房纸巾擦干，以免放入油中容易糊。

● 生抽、白醋都要沿着锅边倒入，这样味道才会充分激发出来。

● 此菜一定要用大火炒，而且要用大一点、厚点的铁锅来炒，这样便于蔬菜在高温中快速翻炒。

CHAPTER 02

润肤冬五福

今天分享的这一道菜，叫润肤冬五福。用了清热润燥的莲藕，润肺养胃的银耳，健脾润肠的山药，排毒养颜的木耳，补钾通便的芹菜，五种食材搭配在一起，食物多样，营养全面且口感好。

营养小学堂

莲藕清热润燥，银耳润肠润肤，还提高免疫力，山药健脾助消化，木耳清肠、提高免疫力，芹菜润肠通便还有助于调节血压，这五种食物搭配在一起，是一道润肺清肠、排毒养颜的养生美食，尤其适合秋冬季节食用。

秋季是养肺的季节，养肺适宜多吃白色的食物，比如莲藕、山药等，冬季属于封藏的季节，除了要润肺，还要好好养肾，养肾需多吃黑色的食物，比如黑豆、木耳等；这道菜是白加黑的结合，加上绿色的芹菜，让整道菜不仅营养全面，而且看起来更加生动。

它是一道老少皆宜的菜肴，尤其适合三高人群、老年朋友以及减肥人群食用，具有润肺养肾、润肠通便、美容润肤的功效。

材 料

莲藕 1 段，铁棍
山药 1 段，银耳、
黑木耳各 8 克，
芹菜 100 克，泡椒
1 个，大蒜 5 瓣，
豆豉、生抽、蚝油、
辣椒油、花生碎、
油、盐各适量

做 法

- ● 银耳、木耳提前用凉水泡发好，撕成小朵。
- ● 莲藕、山药切成片，芹菜切成细丝，豆豉稍微剁碎，大蒜切成末，泡椒切成小圈。
- ● 锅里水烧开，加入银耳和木耳烫熟后捞出。
- ● 将莲藕、山药烫熟，芹菜稍微烫一下，再把所有烫熟的食材过凉水，透去生水，再沥干多余水分。
- ● 锅里加入适量油，放入泡椒、蒜末、豆豉炒香。
- ● 加入适量生抽、蚝油、少许开水，再次烧开。
- ● 将做好的调料汁倒入，拌匀。
- ● 最后加点花生碎和辣椒油增加香味。

料理小贴士

调料里含盐，所以后面加不加盐要看调料的用量，这点需要酌情把握。

CHAPTER 03

素东坡肉

　　冬瓜热量低，又有消肿利尿的功效，所以冬瓜受到很多养生朋友的追捧，尤其是减肥人群的喜欢，可是大多数朋友都觉得冬瓜做出来不太好吃。今天就跟叶子一起来学学这款红烧冬瓜的做法，它还有个美丽的名字叫作"素东坡肉"。

营养小学堂

　　冬瓜含有较高的膳食纤维、钾和维生素，热量也非常低，而且冬瓜中还含有丙醇二酸，有助于抑制糖类转化为脂肪，所以冬瓜是减肥人群的理想食品，同时也是老少皆宜的食材，更适合三高人群食用。

　　中国医学认为，冬瓜味甘而性寒，有利尿消肿、清热解毒、清胃降火及消炎之功效，对于动脉硬化、冠心病、高血压、水肿腹胀等疾病，有良好的食疗作用。冬瓜尤其适合在炎热的夏天食用，下面分享的这一款素东坡肉外形和东坡肉类似，却是用冬瓜做成的，加了富含番茄红素的番茄酱制作而成，营养丰富，味道鲜美，是一道爽口美味的素菜。

材料

冬瓜 500 克，生姜 1 块，大蒜 3 瓣，番茄酱 15 克，香葱 1 棵，盐、油各适量，红烧酱油少许

做法

● 葱姜蒜切碎。

● 冬瓜切成方块，挨着瓜皮的一面打上花刀。

● 锅里加入少许油，放入冬瓜翻炒，冬瓜稍微变软后加入适量盐继续翻炒至冬瓜微微发黄。

● 将冬瓜扒到锅的一边，再加入少许油，放入番茄酱翻炒，然后加入葱姜蒜末炒香。

● 和冬瓜一起翻炒，加入少许红烧酱油翻炒入味。

● 加入一碗开水，焖煮至汤汁黏稠即可。

料理小贴士

● 煮的时候用不粘锅来操作，这样才省油。

● 汤汁不要煮干了，稍微多剩一点，非常下饭。

CHAPTER **04**

健康豆腐丝

上班族都很忙，每天起早贪黑，因此，做饭就成了一件很麻烦的事情，耽误时间不说，吃完还要清洗一堆碗……但正是因为生活很忙很累，我们才更要好好照顾自己的身体，只有身体好，拼搏的一切才有价值。

营养小学堂

豆腐丝是豆腐的浓缩品，含有丰富的钙和优质蛋白，同时富含大豆类所含有的大豆异黄酮、大豆卵磷脂及大豆固醇，对人体有着非常重要的养生功效，红柿子椒富含丰富的维生素 C 和胡萝卜素，生吃能最大限度地减少营养的流失，再加上爽口的黄瓜，三种颜色搭配起来营养丰富、色彩丰富，调料中加上醋，能进一步减少维生素 C 的损失。

中国现阶段数据显示高血压患者超过 2.5 亿，肥胖人群超过 1.2 亿，糖尿病患者约 1.1 亿，这都跟高油高糖高盐饮食有关，日常生活中，要做到控制总能量，限制油、糖、盐的用量，做到食物多样化，营养均衡，这道凉拌三丝就是一道简单又营养的健康菜肴，老少皆宜，四季皆宜。

材 料

豆腐丝 400 克，红柿子椒 1 个，黄瓜 1 根，大蒜 5 瓣，黑芝麻适量，凉白开 30 毫升，自制辣椒油、生抽各适量，香醋少许

做 法

● 大蒜切成末。

● 豆腐丝切成小段。

● 红柿子椒切成丝。

● 黄瓜切成丝。

● 将凉白开、自制辣椒油、生抽、香醋、蒜末放一起，调成调味汁。

● 把大蒜末、豆腐丝、红柿子椒、黄瓜放在一起，最后加入调味汁拌匀，撒上黑芝麻点缀即可。

料理小贴士

凉拌菜要做的好吃，调味汁是关键，自制辣椒油的做法可参考第 168 页"油泼辣子"的制作。

129

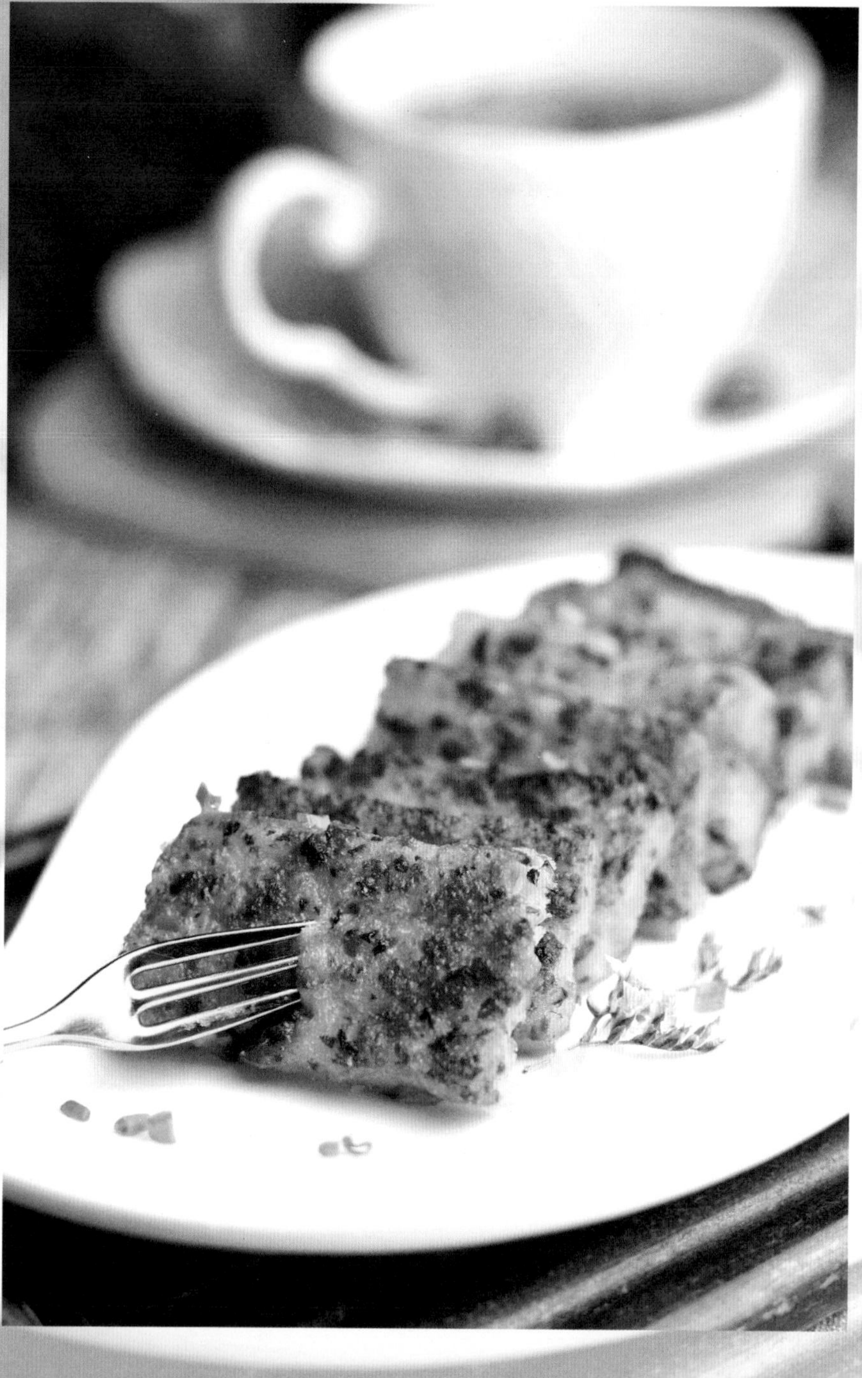

CHAPTER 05

萝卜糕

　　今天分享的这款萝卜糕，是特别加了黏米粉来做的，另外就是好友带来哈尔滨红肠，虽然红肠不算很健康的食物，但却非常美味。这么美味的食物搭配一些健康的食材来吃，就是一道既营养又美味的菜肴了。

材　料

白萝卜 1000 克，黏米粉 300 克，哈尔滨红肠 2 段，干木耳 10 克，洋葱半个，生姜 1 块，油、盐各适量

做　法

● 黑木耳提前用凉水泡发好。

● 白萝卜用刨丝器刨成丝，撒上适量盐拌匀。

● 洋葱、木耳、哈尔滨红肠切成碎末，生姜切成末。

● 锅里加入适量油，炒香姜末，加入木耳、洋葱、哈尔滨红肠翻炒。

● 萝卜丝挤干水后加入，稍微翻炒一下。

● 用萝卜丝挤出的水加入少许水，将黏米粉调成糊状，加入炒好的材料充分拌匀。

● 在方形蛋糕模具上刷一层油，倒入材料，表面用不锈钢勺捧平整，放入蒸汽炉里蒸熟，蒸 70 分钟。

● 蒸好后放凉脱模，切成片。

● 锅里加入少许油，煎到两面金黄即可享用。

料理小贴士

● 水量要合适，不要太干或者太稀。

● 用蒸锅估计水蒸气会多一些，可以考虑盖上盖子蒸，蒸的时间会更长。

烤豆皮

　　今天分享的这个豆皮卷真的太好吃了，有了这个我真的不想吃肉了，感觉比肉还好吃，而且豆皮富含优质蛋白，钙的含量也非常高，美美的享受还不担心长胖。简单做，健康吃，超美味！

材　料

豆皮 200 克，油泼辣子适量，生抽适量，孜然粉适量

做　法

● 豆皮清洗干净。

● 油泼辣子和生抽拌匀成调味汁。

● 将调味汁均匀刷到豆皮上，刷一面就可以了。

● 将豆皮切成条卷成一个个小卷，然后用签子穿好。

● 烤盘上铺好油纸，将穿好的豆皮卷放入，然后在表面再刷上一层调味汁，撒上孜然粉。

● 放入预热好的烤箱，以上下火 220℃的温度，烤 8 分钟左右。

● 时间到后，取出即可食用。

料理小贴士

将豆皮直接卷起来成为一个长条，然后切成大小均匀的小卷，建议切得薄一些烤出来更好吃，烤的时间也不用太长。

拍黄瓜

夏日就喜欢吃特别清爽的菜肴，比如黄瓜就特别招人喜欢，尤其是拍黄瓜，做法简单，只要一拍一拌就够了。不过拍黄瓜好吃与否还是稍有讲究，搭配一点其他东西，调味汁稍微加点料，味道真的大不一样！

材 料

黄瓜 1 根，青椒、红椒各 1 块，大蒜 2 瓣，凉白开 30 毫升，炸花生米、开心果、芝麻酱、生抽各适量，腐乳汁、香醋、香油各少许

做 法

● 大蒜切成末，青椒、红椒切成小颗粒，炸花生米和开心果拍成碎瓣。
● 黄瓜用刀均匀拍几下。
● 将拍了的黄瓜翻转 90°，再拍几下，这样拍出来的黄瓜好入味。
● 然后将黄瓜切成碎小块。
● 碗中倒入芝麻酱、少许香油、腐乳汁，再分次加入凉白开调好，然后加入适量生抽、少许香醋，搅拌均匀。
● 将所有材料混合，淋入调好的调味汁即可。

料理小贴士

● 喜欢吃麻辣口味的朋友还可以加几滴辣椒油和花椒油。
● 芝麻酱加少许腐乳汁的味道很棒，喜欢味道鲜的可以稍微加一点糖，不过叶子的菜肴中很少有糖，这是个人的做菜习惯。
● 调料里含盐，所以不用再加盐了。

CHAPTER **08**

炝拌穿心莲

　　菜如其名，一看名字就能够想象这道菜的味道。这个蔬菜因为味道微微发苦，导致人们对它的态度呈现两极化，要么非常喜欢，要么就极力抗拒。如此，倒不如按照叶子说的方法试试，保证你会爱上这道菜！

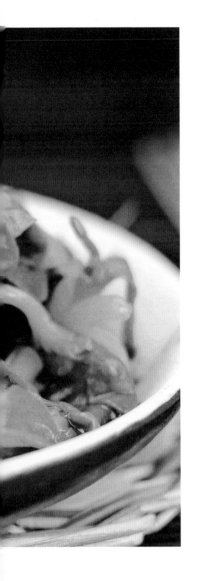

营养小学堂

　　穿心莲又名苦胆草，味道微苦，夏日吃苦有助于清热解毒，特别是感冒发热、咽喉肿痛的时候多吃它非常有帮助。穿心莲中含有多种营养成分、丰富的矿质元素、维生素以及 β－胡萝卜素。穿心莲中至少含有17种氨基酸。

　　中医认为，穿心莲具有清热解毒、消炎、消肿止痛的作用，对细菌性痢疾、尿路感染、急性扁桃体炎、肠炎、咽喉炎、肺炎和流行性感冒等有一定辅助功效，外用可治疗疮疖肿毒、外伤感染等。

　　炝拌穿心莲是一道简单的家常菜，清肠爽口，是非常适合炎热夏季的一道菜肴。

材 料

穿心莲 400 克，生
芝麻 8 克，干辣
椒 8 个，干花椒 1
小把，大蒜 5 瓣，
生抽、盐、油各
适量，蚝油、香
醋各少许

做 法

●大蒜切成末，干辣椒切成小段。

●锅里加入足量水烧开，加入适量盐，放入穿心莲再次烧开
　后捞出。捞出后瞬间冲凉水，然后用凉白开透一下，去除
　生水。

●冷锅冷油加入蒜末、辣椒、花椒、生芝麻，边烧边用筷子
　拨一拨，烧出香味。

●然后加入适量生抽、少许蚝油、香醋，拌匀。

●将做好的汁淋入到穿心莲里即可。

料理小贴士

●绿色蔬菜焯水的时候加点盐颜色会很绿，如果想要颜色比较亮，焯水的时候加点油。

●蔬菜焯水后一定要瞬间过凉水，可以减少营养流失，同时不让蔬菜变得软趴趴的。

●和辣椒籽一起炝汁，味道很香。炝的汁为了吃得方便可以将辣椒和花椒去掉后淋入。

CHAPTER **09**

凉拌西葫芦

第一次吃凉拌西葫芦，它就彻底虏获了我这个资深吃货的心，这么好吃的爽口素菜，让叶子也忍不住跃跃欲试，于是就做出了今天这道让人好吃得停不下来的凉拌菜。

营养小学堂

西葫芦在各地叫法有差别，它是南瓜的一个变种。西葫芦富含纤维素和钾，有助于润肠通便并对调节血压有一定帮助，同时还含有葫芦巴碱和丙醇二酸等，有调节人体新陈代谢、抑制糖类转化为脂肪等功效，有"天然健康食品"和"天然减肥美容食品"之称。西葫芦含水量很高，有清热润肺利尿的功效，尤其是热量很低，可以作为理想的减肥食材，当然，营养学上提倡均衡营养，食物多样、粗细结合是关键。

凉拌西葫芦采用快速焯水后凉拌的方式，做法很简单，是夏季餐桌上非常爽口的素菜。

材料

西葫芦2个，大
蒜3瓣，生姜1小
块，自制辣椒油、
生抽、盐各适量

做法

● 生姜、大蒜切成末。

● 姜蒜末里加入适量生抽、自制辣椒油调成汁。

● 西葫芦刨成丝。

● 锅里加入足量水烧开，加入适量盐。

● 倒入西葫芦丝焯水十几秒，捞出后瞬间过凉。

● 为了去除生水，再倒入凉白开里透一下，捞出。

● 最后倒入做好的调料汁即可。

料理小贴士

焯水的时候一定要水多而且是滚开的水，焯十几秒就可以了，为了减少营养的损失，
同时也不至于软趴趴的，焯水后要立即冲凉水。

CHAPTER **10**

凉拌双嘴儿

　　今天的豆嘴儿，做法也相当简单。豆嘴儿的营养价值非常高，含有丰富的维生素 C，而且从口感来讲，豆嘴儿也比豆芽更好吃。

营养小学堂

相传 16 世纪意大利伟大航海家哥伦布带领船队去远航，船员们在船上只能吃到黑面包和咸鱼，随后船员们都出现相继浑身无力的症状，接着部分船员全身出血再慢慢死去，这就是因为维生素 C 的缺乏。而中国的郑和下西洋就没有出现这类事情，原因在于咱们中国很早就有黄豆，黄豆特别好发芽，发芽的黄豆嘴儿中维生素 C 的含量比黄豆高数倍，中国的航海队员因为有豆嘴儿而不至于维生素 C 严重不足。

所以，家里经常自己发一些豆嘴儿非常不错，黄豆、黑豆、绿豆都可以发，这道凉拌双嘴儿就是用了黑豆嘴儿和绿豆嘴儿来凉拌的，美味爽口。为了豆嘴儿成品时间同步，黑豆嘴儿最好比绿豆嘴儿早一天发。

材 料

黑豆嘴儿适量，绿豆嘴儿适量，红柿子椒1个，烤花生1小把，生姜1块，大蒜3瓣，生抽适量，香油几滴，香醋、盐各适量，蚝油少许，自制辣椒油少许

做 法

● 花生（烤花生或者炸花生）去红衣，用擀面杖擀成碎瓣。

● 红柿子椒切成碎丁，生姜和大蒜切成末。

● 锅里加入适量水烧开，再加入适量盐，放入黑豆嘴儿煮1～2分钟。

● 然后加入绿豆嘴儿煮熟后捞出。

● 煮的时候将表面浮起的豆壳捞出不要。

● 适量生抽、凉开水、少许蚝油、香醋、几滴香油调成汁，喜欢辣的放一点辣椒油。

● 将煮好的豆嘴儿、红柿子椒粒、碎花生放一起，倒入调料汁拌匀即可。

料理小贴士

● 每次发芽抓一把就可以了，不宜太厚，如果想一次做得多，就需要宽敞的容器。

● 豆嘴儿不要煮太久以免损失营养，煮熟即可。

CHAPTER 11

洋芋擦擦

今天分享的土豆做法非常简单，只需要5分钟就能够做好。其中，叶子还加了胡萝卜，第一是为了使这道菜更加营养，第二则是为了丰富色彩。

营养小学堂

土豆中的营养较全面，相对于精白米和精白面做的主食来说，土豆的营养价值要高很多，土豆在欧美享有"第二面包"的美称，在日常生活中，可以将土豆代替部分主食来食用。

土豆在一些地方也叫作洋芋，《舌尖上的中国2》中有道出名的菜肴叫作洋芋擦擦，就是将土豆用刨丝器刨成丝后加油煎出来的。为了更加营养，今天这道洋芋擦擦在原来的基础上加了胡萝卜丝，胡萝卜富含多种维生素和胡萝卜素，对于现代人用眼疲劳很有帮助，这样做出来营养更丰富，色泽更漂亮。

材　料

土豆1个，胡萝卜1段，小葱、淀粉、菜籽油、盐、黑胡椒粉各适量

做　法

● 土豆和胡萝卜用刨丝器刨成丝，小葱切碎。

● 将土豆丝、胡萝卜丝和小葱放在一起。

● 加入适量盐、菜籽油、淀粉、黑胡椒粉，充分拌匀。

● 锅里加入适量菜籽油烧热。

● 将混合材料均匀铺上，用中火煎制。

● 接着翻面再煎，把洋芋擦擦煎到两面金黄即可。

料理小贴士

● 一面煎好后需要在表面再均匀淋上少许油再翻面，这个菜用油有点多，切忌食用过多。

● 淀粉要稍微多加一点，加到能结团成为一个饼为止。

CHAPTER **12**

素鸡翅

　　相信很多朋友跟我一样，大鱼大肉虽然吃着香，但还是觉得素菜更爽口。今天这道菜是一道非常有养生意义的菜，红黄绿白黑加上豆制品，五色养五脏，加上富含优质蛋白和富含钙的豆制品，营养互补，均衡而全面。

材　料

素鸡翅 30 克，青椒、红椒各 1 个，胡萝卜、铁棍山药各 1 段，黑木耳 5 克，生姜 1 块，大蒜 3 瓣，葱白、盐、油各适量，生抽少许

做　法

● 素鸡翅和黑木耳提前用凉水泡发。

● 葱姜蒜切成末，胡萝卜、铁棍山药、青椒、红椒切成片。

● 锅里加入适量油烧到 6 成热，放入青椒、红椒翻炒，加入少许盐翻炒均匀，出锅待用。注意盐不要多了，有一点底味就行，因为后面全部放入还要加盐。

● 锅里再次放入油烧到 7 成热，爆香葱姜蒜末。

● 加入山药片、胡萝卜片、木耳，一起翻炒，素鸡翅要后放，因为素鸡翅很吸油，一起放很快就把油吸了，不便于菜肴的炒制。

● 加入素鸡翅翻炒。

● 接着加入炒好的青椒、红椒，最后加入适量盐、少许生抽，翻炒均匀出锅即可。

料理小贴士

● 大蒜的养生成分大蒜素需要将大蒜切开后在空气中充分裸露才能生成，所以准备菜肴的时候最先将大蒜切成末散开使其与空气接触。

● 青椒、红椒单独炒是因为青椒、红椒不容易入味，所以先单独炒一下，这样也不会有生辣的感觉。

● 素鸡翅很吸油，为了减少用油，它要最后放入。

红油金针菇

　　金针菇被人笑称为"see you tomorrow"，说的是它不易被人体消化。但正因为如此，它有着不可忽视的食疗保健功效。撇开营养单说，它作为一种美味的食物，是非常受人们欢迎的，尤其是今天的这道红油金针菇。

材 料

金针菇 300 克，杭椒 5 个，泡椒 2 个，大蒜 3 瓣，花生碎、油、自制麻辣红油、生抽各适量，芝麻油、蚝油、香醋各少许

做 法

●杭椒和泡椒切成小圈，大蒜切成末。

●金针菇清洗干净切掉根部，撕开，然后放入开水里煮 2～3 分钟至熟。

●金针菇煮熟后捞出过凉水，然后放入凉白开里透去生水。

●捞出金针菇，加入适量生抽，少许香醋、蚝油拌匀。

●锅里加入适量油烧到 6 成热，加入杭椒、泡椒、蒜末、自制麻辣红油，爆香，加入少许芝麻油提香。

●将做好的热油调料淋入。

●最后撒上花生碎即可。

料理小贴士

●如果家里没有麻辣红油的话，可以用辣椒油代替。

●金针菇煮的时间不能过长，否则会影响口感。

CHAPTER 14

蜂蜜糯米藕

　　我家不爱吃甜的菜肴，唯独这蜂蜜糯米藕除外。初夏这样的时节，实在不宜大鱼大肉，于是香甜的蜂蜜，配上营养十足的莲藕与糯米，便成了初夏里的一道极具养生的菜肴。

营养小学堂

莲藕有润肺润肠的作用，而糯米则有补中益气的功效。同时，适量地摄入蜂蜜有助于润肠通便，因而这道蜂蜜糯米藕是一道很适合春夏秋三季的素食养生食谱。

这样一道老少皆宜的佳肴，也可以作为孕期食谱，它能够缓解孕妇容易便秘的问题。但需要提醒的是，这道菜含淀粉量较高，在作为主食来吃的时候，就应该减少其他的主食分量。另外，蜂蜜含糖量较高，吃的时候也不要过量食用了。

熬煮这道菜时，可以在汤汁中加点大枣和枸杞，煮好后就着汤汁吃蜂蜜糯米藕，非常养生。

材 料

莲藕 1 段，糯米
100 克，大枣 5 个，
蜂蜜少许，玫瑰
花少许，温开水
适量

做 法

● 糯米提前泡 3 个小时左右。

● 将清洗干净的莲藕的一头切开。

● 灌入糯米，用筷子填满藕洞。

● 然后用牙签将切下的那一头安放回去，固定好。

● 把糯米藕放入压力煲，加入大枣和足量水，煮 30 分钟左右。

● 将蜂蜜和适量温开水、玫瑰花调匀。

● 糯米藕切片，淋上蜂蜜即可。

料理小贴士

● 最好选择七孔藕做这道菜，因为七孔藕比较粉，适合炖煮。

● 选择比较粗的藕，这样好填充糯米，而且要选择两头封闭的莲藕。

● 灌糯米的时候一定要用筷子插一插，填实，这样做出来才不会有空隙。

CHAPTER 15

秋葵土豆饼

土豆不仅物美价廉，其本身还有助于减肥。而我今天介绍的这道土豆秋葵饼，那是超级美味的。可以用来当菜或者当下午茶，很多人一吃就会上瘾，实在太好吃了！

营养小学堂

土豆含有丰富的淀粉，所以可以当作主食来吃，土豆里的淀粉有部分是人体不易吸收的抗性淀粉，所以土豆有利于减肥，当然，减肥还跟吃的量和烹调用油的多少有关；土豆里含有丰富的膳食纤维，能润肠通便，还能延缓餐后血糖上升的速度；土豆里含钾比较高，有助于调节血压，所以土豆是适宜三高人群、减肥人群的食材，可以代替主食的一部分来吃。

秋葵除了含有多种维生素和矿物质外，还含有丰富的黏液蛋白，能保护肠胃、提高免疫力，是老少皆宜、备受青睐的蔬菜，同时也特别适合糖尿病患者食用。

秋葵土豆饼采用低油烹调，两者结合，营养丰富，外观吸引人，是一道可作为菜肴也可作为主食的美味佳肴。

土豆 2 个，秋葵 6
个，淀粉 30 克，
香葱 1 棵，盐、
植物油各适量，
黑胡椒粉、孜然
粉各少许

做　法

● 土豆切成块，香葱切成葱花。

● 土豆入锅煮熟（蒸熟更好，减去沥干水分的环节）。

● 锅里水烧开，加入适量盐，然后放入秋葵烫熟。

● 捞出煮好的秋葵，切成小段。

● 把煮熟的土豆按压成土豆泥，加入淀粉、适量盐、黑胡椒
　 粉，拌匀，搓成小圆球。

● 将圆球压扁，中间按压一小段秋葵。

● 电饼铛预热好后加入适量植物油，均匀摆放好土豆饼。

● 煎黄一面后翻一面。

● 两面煎黄后撒入葱花、孜然粉即可。

料理小贴士

● 淀粉分次加，加到干湿合适的程度，在手上搓圆球的时候手上稍微抹上一点油就
　 不粘了。

● 这道菜是用植物油煎的，不是油炸的，要趁热吃锅巴才有脆性。

CHAPTER 16

盐水花生

到了夏天，就到了吃烧烤、吃大排档、喝啤酒的季节了，好吃的食物真的太多太多了。自然，盐水花生也少不了。这盐水花生其实并没有技术可言，只要做到入味就成功了，至于怎么样让花生入味，话不多说，赶紧来看看吧！

材料

鲜花生 1000 克，生姜 1 块，花椒 1 小把，泡椒 5 个，八角 2 个，桂皮 1 段，香叶 3 片，面粉适量，盐 15 克，老抽几滴

做法

● 由于鲜花生泥土多，所以先加入一勺盐和一大勺面粉，搅拌均匀，泡 10 分钟后，使劲搓洗清洗干净。

● 将花生装入塑料袋里，铺平，用擀面杖用力均匀拍打，注意不要用力过猛。

● 然后打完将袋子翻一面，再拍打一遍，使花生尽量都开口。

● 锅里加入适量水，加入花椒、泡椒、香叶、桂皮、八角煮开，开后再中小火煮几分钟。

● 加入花生和生姜。

● 加入盐，盐要多一点，加入几滴老抽，煮十几分钟后关火。

● 最后盖上盖子焖几个小时即可。

料理小贴士

● 盐的用量一定要够。煮的时间根据花生的易熟程度决定，熟了即可。

● 没有泡椒的就用干辣椒。

自己做酱

私房酱料大揭秘

简单的一款酱料，搭配着米饭、粉面、火锅食用，能够变化成不同的新味道，甚至在烹饪时，加上少许的酱料，能够起到锦上添花的作用。

剁椒

这些年我家里一直做着一坛剁椒，平常炒菜放一点就可以不用放其他调料了，非常美味也方便，比外面买的豆瓣酱好吃很多。

材料

小红尖椒 2000 克，子姜 1250 克，大蒜瓣 750 克，腌制盐 600 克，高度白酒 150 毫升，食用小苏打少许，面粉适量

做法

● 小红尖椒剪去蒂，丢掉有破损的小红尖椒。
● 接着加入少许食用小苏打和一大勺面粉，加入水，用手充分混合后冲洗，然后用凉白开洗几次，充分透去生水。
● 子姜清洗干净后，也用凉白开透去生水。
● 大蒜瓣不用洗，将其去皮就好。
● 用料理机分别将大蒜瓣、小红尖椒和子姜绞碎，注意不要太碎。
● 将绞碎的大蒜、小红尖椒、子姜混合，加入腌制盐（这里一定要用腌制盐）。
● 加入白酒（选用纯粮食的高度数白酒）充分拌匀。
● 把拌好的材料装入坛子里（坛子选用陶瓷，切忌用玻璃的）。
● 盖上坛子的盖子，在坛沿里倒入纯净水，密封，放在阴凉干燥处。
● 腌制 20 天后，即可取出食用。

料理小贴士

● 需要提前烧开几大锅干净的开水放凉。
● 整个制作过程中不能有生水和油。
● 没有子姜的可以用老姜，分量酌情减少；盐要用腌制盐。
● 制作过程中小心辣手，可以带上一次性手套来操作。

CHAPTER 02

火锅小料

很多地方很多家庭过年都会吃火锅，因为火锅做起来既方便又能感受到其乐融融的气氛。在热气腾腾的火锅中下入自己喜欢的食材，再搭配上亲手做的火锅小料，味道绝对好吃！

材料

生姜 1 块，大蒜 5 瓣，香油、香醋、腐乳汁各少许，香葱、香菜、花生、芝麻、芝麻酱、辣椒油、韭花酱、香菇牛肉酱、盐各适量

做法

● 取适量芝麻酱，加入一点点腐乳汁、适量盐、少许香油和香醋，一边搅拌一边加入少许凉开水，直到搅拌顺滑。

● 花生和芝麻分别烤香（或者炒香）。

● 然后花生去皮，转入保鲜袋用擀面杖碾碎。

● 香菜和香葱切成末，生姜、大蒜捣成姜蒜泥。

● 然后加上辣椒油、韭花酱、香菇牛肉酱，根据自己的喜好来搭配，每样一点就完成了。

料理小贴士

● 芝麻酱的调配没有严格的比例，按照自己的口味来酌情添加就好。

● 韭花酱如果没有就不要了，如果很喜欢的话，可以去超市购买。

photo by

四川麻辣火锅底料

四川麻辣火锅红红辣辣的很是诱惑人，我也是超级喜欢麻辣火锅的吃货一枚，因为不喜欢外面火锅底料的那种味道，所以每次吃火锅都是自己熬。现在适逢春节，于是，又开始准备做过年作为宴客的家宴火锅底料了……

材料

主料

牛油 1500 克，豆瓣酱 1000 克，菜籽油 1000 毫升，干辣椒 1000 克，花椒 100 克，醪糟 100 克，白酒 50 毫升，碎米芽菜 100 克，豆豉 100 克，泡椒 200 克

香料

小茴香 8 克，孜然 8 克，香果 5 克，砂仁 5 克，丁香 5 克，白扣 5 克，草果 5 克，山奈 5 克，香草 5 克，千里香 5 克，桂皮 5 克，香叶 5 克，八角 5 克，陈皮 5 克，老扣 5 克，香茅草 5 克，甘松 5 克，甘草 5 克，排草 5 克，枝子 5 克

做法

● 将比较长的香料，剪成小段。

● 清洗干净香料，用水泡 20 分钟。

● 把辣椒和花椒清洗干净，用水稍微泡一泡，然后控去多余水分。

● 泡好的香料控去多余水分，用料理机打成木屑状。

● 辣椒也放入料理机里打碎，不用太细。

● 碎米芽菜、豆豉、豆瓣酱，放入料理机里打成细腻状。

● 锅里倒入菜籽油，冷油下入香料，中小火慢慢熬 30 分钟，熬出香味。

● 另起一锅，将牛油熬出油来，去掉油渣。

● 将熬好的香料锅里的油过滤到牛油锅里，然后加入打细的碎米芽菜、豆豉、豆瓣酱、辣椒、花椒，中火熬 30 分钟。

● 加入过滤出来的香料，中火熬 30 分钟。

● 加入白酒、醪糟、泡椒，再小火熬 30 分钟左右。

料理小贴士

● 香料要清洗干净，然后泡一会，香味能更好地散发出来。

● 普通的料理机建议分次打，打 30 秒后要歇 30 秒再打，不然很容易损伤料理机。

● 熬煮的过程要一直搅拌，然后用中小火慢慢熬。

CHAPTER **04**

油泼辣子

　　辣椒油，也就是油泼辣子，这个是家庭必备、离不开的一个调味料。今天做的辣椒油除了加芝麻外，还加了花生碎，这样做出来的成品就更香了，用来拌凉菜真的再好不过。

营养小学堂

　　辣椒油是凉拌菜必不可少的主角，要做出一碗好的辣椒油来，首先要选上乘的干红辣椒。怕辣的朋友可以将辣椒水煮一下晾干后再用，那样就减少了辛辣感。辣椒面最好是自己用料理机磨出不粗不细的粉末来，油一定要用菜籽油，菜籽油做出来的辣椒油又香又亮，芝麻和花生碎也不能少，它们会将辣椒油的香气和味道提升一个档次，做好后用来拌菜味道也会多一些层次感。

　　淋油之前一定需要将辣椒面浇湿，可以用香油，也可以用熟菜籽油，还可以用香醋，用香醋浇湿的辣椒面随着热油的淋入，香气被激发出来也是另一种美味。而采用三次淋油的方法做出来的辣椒油吃在嘴里会更加有层次感。

材 料

辣椒粉 100 克，花椒粉 5 克，菜籽油 300 毫升，花生 30 克，熟白芝麻 10 克， 盐 6 克，香油 30 毫升

做 法

- ●将花生提前烤熟或者炸熟。
- ●花生去皮切成碎瓣。
- ●辣椒粉、花椒粉、盐和香油拌匀。（这一步非常重要，一定要先用香油拌均匀，这样炸出来的辣椒才不容易糊）
- ●菜籽油烧到冒烟后凉到 5 成热。
- ●倒入三分之一的油到辣椒面里，一边倒一边快速搅拌；然后油再稍微热一下约 6 成热时再倒入三分之一的油。
- ●最后将剩下的油烧到 7 成热淋入，随着哗哗啦啦的声音传来，香气也扑鼻而来；紧接着加入花生碎和熟白芝麻，余温就可以让花生碎和白芝麻的香气散发。
- ●做好的成品放凉后，装入玻璃瓶中，随吃随用。

料理小贴士

- ●油 3 次淋入不易糊，尤其是掌握不好油温的新手，这样做就不容易失败，做出来的辣椒油辣度有层次感。
- ●辣椒面加香油调湿时，加点米醋也可以，是另一种风味的辣椒油，感兴趣的可以试试。

CHAPTER **05**

韭花酱

　　韭花酱在《舌尖上的中国2》里也介绍过，这是一种非常好吃的调料，吃手抓羊肉的时候拌一点来吃很香。叶子更喜欢用来做吃火锅的小料，今天这个酱加了自己做的泡椒，味道更是与众不同。

营养小学堂

　　在《舌尖上的中国2》里，曾经介绍过韭花酱，它是一种民间吃食，常与涮肉、火锅等搭配食用。吃手抓羊肉的时候拌一点韭花酱，味道也会格外的香。只是做这韭花酱有一定特殊性，它需要等到秋天韭花盛开的季节，并不是想什么时候做就能什么时候做的。

　　韭菜酱很开胃，能增强食欲、促进消化，但是做好后要放入冰箱冷藏保存，盐要占到总体材料10%的比重，这样它的保存时间才长。因为自制的韭花酱没有添加防腐剂，建议保存时间不要超过一个月。

材 料

韭菜花 600 克，泡椒 100 克，盐 40 克，大蒜 1 头，生姜 1 大块

做 法

● 韭菜花去掉根部，一盆水里加入适量盐，然后放入韭菜花泡 10 分钟左右。

● 将韭菜花一朵一朵地仔细冲洗干净，沥去水分后再用凉开水洗一遍，这样避免有生水，保质期会长一些。

● 生姜切成块，泡椒切成段，大蒜去皮。

● 将所有材料放入破壁料理机里搅拌，中途要停下用筷子按压按压后再进行搅拌。

● 将搅碎的材料加入 40 克盐搅拌均匀。

● 装入密封的玻璃罐里，放入冰箱保存。

料理小贴士

盐的比例一般要占到总体材料的 10% 才能使韭花酱的保存时间更长，我用了泡椒，所以盐放得少一些，吃起来比较咸，做火锅小料的时候需要稀释。